Nut Mao

Analyse fiabiliste-fondations superficielles filantes-charge complexe

Nut Mao

Analyse fiabiliste-fondations superficielles filantes-charge complexe

Influence des incertitudes du sol ou roche, et de la charge appliquée sur le comportement d'une fondation superficielle

Presses Académiques Francophones

Impressum / Mentions légales

Bibliografische Information der Deutschen Nationalbibliothek: Die Deutsche Nationalbibliothek verzeichnet diese Publikation in der Deutschen Nationalbibliografie; detaillierte bibliografische Daten sind im Internet über http://dnb.d-nb.de abrufbar. Alle in diesem Buch genannten Marken und Produktnamen unterliegen warenzeichen-, marken- oder patentrechtlichem Schutz bzw. sind Warenzeichen oder eingetragene Warenzeichen der jeweiligen Inhaber. Die Wiedergabe von Marken, Produktnamen, Gebrauchsnamen, Handelsnamen, Warenbezeichnungen u.s.w. in diesem Werk berechtigt auch ohne besondere Kennzeichnung nicht zu der Annahme, dass solche Namen im Sinne der Warenzeichen- und Markenschutzgesetzgebung als frei zu betrachten wären und daher von jedermann benutzt werden dürften.

Information bibliographique publiée par la Deutsche Nationalbibliothek: La Deutsche Nationalbibliothek inscrit cette publication à la Deutsche Nationalbibliografie; des données bibliographiques détaillées sont disponibles sur internet à l'adresse http://dnb.d-nb.de.
Toutes marques et noms de produits mentionnés dans ce livre demeurent sous la protection des marques, des marques déposées et des brevets, et sont des marques ou des marques déposées de leurs détenteurs respectifs. L'utilisation des marques, noms de produits, noms communs, noms commerciaux, descriptions de produits, etc, même sans qu'ils soient mentionnés de façon particulière dans ce livre ne signifie en aucune façon que ces noms peuvent être utilisés sans restriction à l'égard de la législation pour la protection des marques et des marques déposées et pourraient donc être utilisés par quiconque.

Coverbild / Photo de couverture: www.ingimage.com

Verlag / Editeur:
Presses Académiques Francophones
ist ein Imprint der / est une marque déposée de
OmniScriptum GmbH & Co. KG
Heinrich-Böcking-Str. 6-8, 66121 Saarbrücken, Deutschland / Allemagne
Email: info@presses-academiques.com

Herstellung: siehe letzte Seite /
Impression: voir la dernière page
ISBN: 978-3-8416-2150-4

UNIVERSITÉ DE NANTES

FACULTÉ DES SCIENCES ET DES TECHNIQUES

———

ÉCOLE

Année 2011

N° attribué par la bibliothèque

| | | | | | | | | | | |

Analyse des fondations superficielles filantes soumises à un chargement centré

———

THÈSE DE DOCTORAT

Discipline : Génie Civil
Spécialité : Géotechnique

*Présentée
et soutenue publiquement par*

Nut MAO

Le 18 Novembre 2011, devant le jury ci-dessous

Rapporteur	Mme MERRIEN-SOUKATCHOFF	Professeur, Ecole des Mines de Nancy
Rapporteur	M. MROUEH Hussein	Professeur, Université Lille 1
Examinateurs	Mme PANTET Anne	Professeur, Université du Havre
	M. KASTNER Richard	Professeur, INSA de Lyon
	M. THOREL Luc	Directeur de recherche, LCPC Nantes

Directeur de thèse : Pr. Abdul-Hamid SOUBRA

ED : SPIGA.........................
(Uniquement pour STIM et SPIGA)

Remerciements

Ma plus profonde gratitude va bien évidemment à mes directeurs de thèse Abdul-Hamid SOUBRA et Dalia YOUSSEF ABDEL MASSIH. Ce travail n'aurait pas été le même sans leur apport et leurs constants encouragements. Je n'oublierai pas ces trois années passées sous leur direction.

J'adresse mes plus vis remerciements à Madame Véronique MERRIEN-SOUKATCHOFF et Monsieur Hussein MROUEH, qui ont accepté d'être rapporteurs de cette thèse. Je remercie également Madame Anne PANTET et Messieurs Richard KASTNER et THOREL Luc d'avoir bien voulu participer au jury d'évaluation de ce travail.

Enfin, sur un plan plus personnel, j'associe à cet hommage mes amis et collègues (Ashraf AHMED, Youcef HOUMADI et Tamara AL-BITTAR), ainsi que mes proches, amis et famille, sans oublier ma meilleure amie Moon. La vie ne saurait se résumer au travail, merci à vous de me le rappeler jours après jours.

A ma famille,
A Moon.

1

Résumé : Le travail de ce mémoire s'attache à l'analyse fiabiliste du comportement d'une fondation superficielle filante reposant sur un massif de sol ou un massif rocheux et soumise à un chargement centré (vertical ou incliné). Des modèles déterministes basés sur des mécanismes de ruine en analyse limite et des simulations numériques sous FLAC^{3D} sont employés. La variabilité des propriétés du sol et de la roche ainsi que celle du chargement appliqué à la fondation sont modélisées par des variables aléatoires. L'état limite ultime et l'état limite de service de la fondation sont analysés. Le calcul de la fiabilité de la fondation est effectué à l'aide de l'indice de fiabilité de Hasofer-Lind. La probabilité de ruine est déterminée par les méthodes RSM et SRSM. Dans le cas d'un massif de sol (où la réponse du système adoptée dans l'analyse est le facteur de sécurité F_s défini vis-à-vis des paramètres de cisaillement du sol c et tanφ), il a été montré que la corrélation négative entre c et φ augmente la fiabilité de la fondation. L'utilisation de F_s permet (i) de déterminer les zones de prédominance du glissement de la fondation et du poinçonnement du sol dans le diagramme d'interaction pour différents types d'incertitudes liées au sol et/ou au chargement appliqué à la fondation et (ii) de calculer rigoureusement la probabilité de ruine pour une configuration (V, H) donnée. La variabilité de F_s est plus significative dans la zone de prédominance du glissement de la fondation où elle dépend largement de la variabilité de H. A l'opposé, cette variabilité de F_s dépend de la variabilité de φ dans la zone de prédominance du poinçonnement du sol. Dans le cas d'un massif rocheux (où la réponse du système adoptée dans l'analyse est la capacité portante ultime q_u), il a été remarqué que la variabilité de q_u est très sensible aux incertitudes des paramètres GSI (Geological Strength Index) et σ_c (résistance à la compression simple de la roche saine), et devient moins importante lorsque ces deux paramètres sont négativement corrélés. Un dimensionnement fiabiliste a été effectué afin de déterminer la largeur de la fondation pour un indice de fiabilité cible.

Mots clés : Fondation, Chargement centré, Facteur de sécurité, Sol, Roche, Analyse limite, Simulation numérique, Critère de Hoek-Brown, Analyse fiabiliste, Etat limite ultime, Etat limite de service.

Abstract : This thesis presents a reliability analysis of shallow strip footings resting on a soil or a rock mass and subjected to a central (vertical or an inclined) load. The deterministic models used are based on limit analysis failure mechanisms and on numerical simulations using FLAC^{3D}. The variability of the soil and the rock properties and that of the applied footing load are modeled as random variables. The reliability of the foundation is determined using Hasofer-Lind reliability index. The failure probability is computed using RSM and SRSM methods. It was shown that, in the case of a soil mass (where the system response adopted in the analysis is the safety factor F_s defined with respect to soil parameters c and tanφ), the negative correlation between c and φ increases the reliability of the foundation. The use of F_s allows one to (i) determine the zones of predominance of footing sliding and soil punching in the interaction diagram for different types of soil and/or footing loads uncertainties and (ii) rigorously compute the failure probability for a given configuration of (V, H). The variability of F_s is more significant in the zone of footing sliding predominance where it largely depends on the variability of H. In contrast, this variability of F_s depends on the variability of φ in the zone of soil punching predominance. In the case of a rock mass (where the system response adopted in the analysis is the ultimate bearing capacity q_u), it was found that the variability of q_u is very sensitive to the rock parameters GSI (Geological Strength Index) and σ_c (Uniaxial compressive strength of the intact rock material), and becomes less important when these parameters are negatively correlated. For design, an iterative procedure is performed to determine the breadth of the footing for a target reliability index.

Keywords : Foundation, Central load, Safety factor, Soil, Rock, Limit analysis, Numerical simulation, Hoek-Brown criterion, Reliability analysis, Ultimate limit state, Serviceability limit state.

Discipline : Génie Civil – Géotechnique

SOMMAIRE

Introduction Générale

Chapitre 1

Introduction générale

Les massifs de sol et les massifs rocheux sont caractérisés par une grande variabilité. Les approches classiques déterministes utilisées par les ingénieurs pour l'évaluation de la marge de sécurité des ouvrages en interaction avec ces massifs, repose sur l'utilisation d'un facteur de sécurité global qui tient compte de toutes les incertitudes de manière globale et simplifiée. Dans ces approches, on ignore le degré d'incertitude inhérent à chaque paramètre incertain et par conséquent, on aboutit généralement à un surdimensionnement et donc à des ouvrages non économiques en raison de la surévaluation faite du facteur de sécurité cible. Cette surévaluation est due à une méconnaissance des vraies incertitudes concernant le problème étudié. Pour palier à cet inconvénient, l'approche dite « fiabiliste » ou « probabiliste » propose une solution plus pertinente en considérant toutes les données statistiques de chaque paramètre incertain. Ce type d'approche est actuellement de plus en plus utilisé en géotechnique. Ceci est devenu possible grâce aux avancées importantes au niveau de la quantification des incertitudes des paramètres du sol ou de la roche.

Le travail de cette thèse concerne l'utilisation des méthodes fiabilistes et probabilistes dans le calcul des ouvrages géotechniques. Nous nous intéressons en particulier à l'application de ces méthodes à l'étude du comportement des fondations superficielles filantes soumises à un chargement centré (vertical ou incliné) et ce, à l'état limite ultime et à l'état limite de service. Les paramètres incertains sont modélisés par des variables aléatoires.

Le premier chapitre présente une étude bibliographique. Nous nous proposons tout d'abord de présenter les différentes classes des incertitudes que l'on peut rencontrer en géotechnique ainsi que leur modélisation mathématique et les méthodes d'identification de ces incertitudes. Les intervalles des valeurs des paramètres statistiques des propriétés du sol seront présentés et discutés. Ensuite, nous exposons une synthèse bibliographique des méthodes probabilistes utilisées dans ce travail de thèse : on y développe en particulier les notions de fonction de performance et de surface d'état limite, ainsi que les méthodes de calcul des indices de fiabilité (l'approche de l'ellipsoïde de Low, la méthode des surfaces de réponse) et de

7

probabilité de ruine (méthode de Monte Carlo et méthode *FORM*). Enfin, nous présentons la méthode des surfaces de réponse stochastique qui permet d'approximer une réponse d'un système mécanique par un chaos polynomial en vue d'un traitement probabiliste.

Le chapitre 2, divisé en deux parties A et B, présente essentiellement une analyse fiabiliste d'une fondation superficielle filante soumise à un chargement incliné en se basant sur des modèles déterministes élasto-plastiques. La partie A est consacrée au calcul des réponses déterministes. Les modèles déterministes sont basés sur des simulations numériques utilisant le logiciel *FLAC³D*. Ces modèles seront la base des études fiabilistes qui seront présentées dans la partie B de ce chapitre. L'étude fiabiliste utilise la méthode des surfaces de réponse et concerne les deux états limites (ELU et ELS) qui peuvent caractériser le comportement d'une fondation.

Dans le chapitre 3, on se propose d'appliquer la méthode des surfaces de réponse stochastique pour des analyses probabilistes à l'état limite ultime des fondations superficielles filantes reposant sur un massif de sol ou un massif rocheux de type Hoek-Brown. Pour le cas d'un massif de sol, le cas d'une fondation soumise à un chargement incliné est présenté et le modèle déterministe employé est basé sur un mécanisme de ruine en analyse limite et sur des simulations numériques utilisant le logiciel *FLAC³D*. Pour le cas d'un massif rocheux, la fondation est supposée soumise à un chargement centré (i.e. vertical ou incliné) et les modèles déterministes d'analyse limite sont employés.

A la fin de cette thèse, une conclusion générale permet de résumer les principaux résultats obtenus et d'introduire les perspectives de ce travail.

Chapitre 1

Etude bibliographique

I   Introduction

Traditionnellement, l'analyse et le dimensionnement des ouvrages en géotechnique sont basés sur des approches déterministes. Dans ces approches, les aléas et incertitudes des différents paramètres incertains (caractéristiques du sol, chargement, etc.) sont pris en compte de manière simplifiée : Un facteur de sécurité global est utilisé dans ces approches. La valeur de ce facteur est basée sur le jugement de l'ingénieur. Pour tenir compte des aléas et incertitudes inhérents aux différents paramètres incertains de manière rationnelle, la théorie de la fiabilité est actuellement de plus en plus utilisée en géotechnique. Ceci est devenu possible grâce aux avancées importantes au niveau de la quantification des incertitudes des paramètres du sol (Phoon et Kulhawy 1999). L'objectif de ce chapitre est de présenter une étude bibliographique sur les incertitudes en géotechnique et les méthodes probabilistes utilisées dans cette thèse pour la propagation des incertitudes des paramètres d'entrées à la réponse du système mécanique étudié.

Dans un premier temps, nous nous proposons de présenter les différentes classes d'incertitudes rencontrées en géotechnique ainsi que leur modélisation mathématique et les méthodes d'identification de ces incertitudes. Les intervalles des valeurs des paramètres statistiques des propriétés du sol seront présentés et discutés.

Dans un second temps, nous nous attachons à présenter une synthèse bibliographique des méthodes probabilistes utilisées dans ce mémoire. Les notions de fonction de performance, de fonction d'état limite seront d'abord présentées. Elles seront suivies des méthodes de calcul de l'indice de fiabilité (indice de Cornell et indice de Hasofer-Lind) et de probabilité de ruine (méthode de Monte Carlo et méthode *FORM*). Notons que contrairement au facteur de sécurité, les indicateurs de la marge de sécurité donnés par la théorie de la fiabilité (i.e. indice de fiabilité et probabilité de ruine) prennent en compte les vraies incertitudes inhérentes à chaque paramètre incertain via sa distribution de probabilité (Probability Density Function *PDF*). Ils permettent ainsi une meilleure évaluation de la marge de sécurité de l'ouvrage étudié. Pour le calcul de l'indice de Hasofer-Lind, nous présentons d'abord l'approche classique basée sur la transformation de la surface d'état limite de l'espace physique à l'espace standard des variables aléatoires puis l'approche de l'ellipsoïde de Low qui permet le calcul de l'indice de fiabilité tout en restant dans l'espace physique des variables aléatoires. Enfin, nous présentons la méthode de la surface de réponse 'Response Surface Method *RSM*' qui permet de déterminer l'indice de Hasofer-Lind par approximations successives de la surface de réponse en cas où le modèle mécanique ne fournit pas une expression analytique de la réponse du système étudié. Cette méthode sera largement utilisée dans le chapitre II de cette thèse. Le chapitre présent s'achève par la présentation d'une méthode d'approximation d'une réponse mécanique par un chaos polynomial en vue d'un traitement probabiliste. Il s'agit de la méthode de la surface de réponse stochastique (Stochastic Response Surface Method *SRSM*). Cette méthode sera largement utilisée dans le chapitre III de cette thèse. Il est important de noter ici que cette méthode permet entre autres, de déterminer la distribution de probabilité de la réponse d'un système (déplacement, charge limite, etc.) et donc de connaître non seulement la moyenne probabiliste de cette réponse mais aussi sa variabilité via la connaissance de son écart-type ainsi que la probabilité de ruine pour différents seuils de cette réponse.

II   Différents types d'incertitudes

Les incertitudes sont présentes dans la plupart des problèmes de génie civil et plus spécifiquement dans le domaine de la géomécanique (Low et Einstein 1991; Low 1997; Baecher et Christian 2003; Yarahmadi Bafghi et Verdel 2005; Verdel 2007; Dubost 2009). Le mot "incertitude" y est utilisé et interprété de plusieurs façons selon les personnes et le domaine d'application. Dans la plupart des cas, il englobe les concepts d'ambiguïté et de variabilité; il est aussi utilisé pour décrire l'état de ce qui ne peut être établi avec exactitude, qui laisse place au doute. Selon Kulhawy (1992), l'identification des incertitudes en géotechnique consiste à modéliser trois types d'incertitude (Figure 1.1) : la variabilité naturelle du sol, l'erreur de mesure et l'incertitude des modèles.

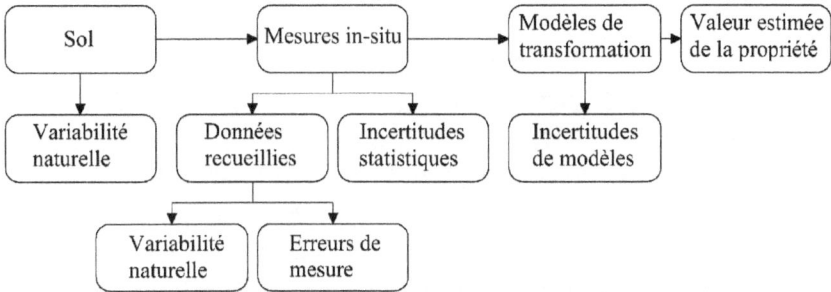

Figure 1.1 : Type des incertitudes des propriétés du sol (Kulhawy 1992)

II.1 Incertitudes actives ou variabilité naturelle

Ce type d'incertitude est lié à la réalisation du phénomène physique que l'on observe. Imaginons que chaque mesure de la propriété du sol est parfaite. Cependant, cette propriété varie d'un point à un autre dans l'espace. Cette source d'incertitude résulte principalement des processus géologiques (érosion, transport, sédimentation et mouvements tectoniques, etc.) qui ont produit et modifié continuellement les propriétés du sol. Elle peut avoir divers degrés et donc entraîner différents moyens d'investigation, de prise en compte et de modélisation.

II.2 Incertitudes passives ou épistémiques (l'erreur de mesure)

Une propriété d'un sol, pour un lieu et un instant donné, a une valeur vraie, exacte. La mesure que l'on fait de cette propriété donne une valeur approchée de la valeur vraie. La différence entre la valeur vraie et la valeur mesurée est appelée erreur. Les incertitudes passives sont liées à la mesure que l'on fait d'un phénomène (Dubost 2009).

II.2.1 Erreur d'observation

- Erreur de mesure e_{mes}

11

Cette erreur est liée à l'appareil de mesure et à l'opérateur. Avec le progrès de la métrologie et l'acquisition automatique, les erreurs d'imprécision et d'opérateur ont été considérablement réduites.

- Erreur de représentativité e_{rep}

Elle provient de la transformation de la mesure physique (i.e. pour obtenir la grandeur de la propriété recherchée dont les grandeurs mesurées sont des déplacements, des longueurs, des masses et des températures). Cette transformation peut être directe, l'erreur est alors liée à l'étalonnage et au tarage de l'appareil ; ou bien indirecte, comme par exemple pour déterminer à partir d'un essai pressiométrique les valeurs déduites de la courbe d'expansion de la sonde.

- Erreur de l'instant e_{inst}

Elle provient de la variation de la propriété entre le moment de mesure et le moment où le matériau est mis en œuvre. On peut citer la variation de teneur en eau d'un sol qui peut varier en fonction des conditions climatiques, de son transport éventuel et de son remaniement.

II.2.2 Erreur d'enquête

- Erreur d'enquête

Elle est liée à une mauvaise conduite des reconnaissances géotechniques. Les mesures effectuées ne sont pas représentatives du problème et on peut citer comme exemple le cas d'une zone d'investigation insuffisante au regard de l'ouvrage projeté : zone d'ancrage des clous d'un mur de soutènement non investiguée, profondeur de sondage insuffisante pour caractériser le sol sollicité par une fondation, etc…

- Erreur d'échantillonnage

Elle n'est pas, à proprement dite, une erreur. Dans la pratique, l'erreur d'échantillonnage est due au fait que les mesures réalisées représentent seulement un échantillon d'une population finie ou infinie. Plus le nombre d'échantillons est grand, plus ce type d'erreur est réduit. On parle alors d'intervalle de confiance lorsque l'on donne un intervalle qui contient, avec un certain degré de confiance, la valeur à estimer d'une propriété d'un matériau. Le degré de confiance est en principe exprimé sous la forme d'une probabilité, habituellement de l'ordre de 90% à 99%.

II.3 Incertitude des modèles

La modélisation d'un matériau est une démarche ayant pour but de décrire et de comprendre sa situation réelle, et si possible de donner des éléments de prévision sur son évolution. Cette modélisation nécessite d'introduire une loi de comportement qui simplifie la situation concrète du matériau, alors que le comportement réel de ce dernier est très compliqué à comprendre. Même s'il y a certaines lois de comportement qui sont mieux que d'autres, toutes ne font qu'approcher le modèle réel. De toute façon, tout modèle n'est ni vrai ni faux, il est acceptable dans un cadre d'hypothèses, de données disponibles et pour un objectif qui sont fixés (Boissier et al. 2005). Par ailleurs, on ne peut pas nier que certaines sollicitations naturelles appliquées aux constructions présentent un caractère essentiellement aléatoire : les actions sismiques, le vent, les sollicitations des vagues sur les structures marines, les efforts de la température ou les gradients thermiques dans les chaussées ou les barrages en béton sont des exemples typiques. Les exemples sont innombrables, même en se limitant au domaine des infrastructures, et une réflexion critique conduit rapidement à admettre que les actions connues avec une incertitude pouvant être considérée négligeable constituent plutôt l'exception : poids propre des ouvrages, certaines surcharges permanentes, etc. En conclusion, on fait une erreur de modèle indépendamment de l'erreur que l'on fait sur la mesure des paramètres du modèle choisi.

III Quantification des incertitudes

Les mesures des essais pénétrométriques *CPT* (Cone Penetration Test) et *SPT* (Standard Penetration Test) sont les plus fréquemment utilisées dans la pratique pour la détermination des propriétés du sol. Des études statistiques basées sur les valeurs de ces mesures ont été reportées dans la littérature. Phoon et Kulhawy (1996) ont présenté un certain nombre d'études basées sur plusieurs essais in-situ : *SPT*, *CPT*, *FVT* (Field Vane Test), *DMT* (Dilatometer Test), *PMT* (Pressuremeter Test) et d'autres essais de laboratoire. Il a été montré que la variabilité calculée à partir des essais réalisés au laboratoire est inférieure à celle calculée à partir des essais in-situ. Ceci est dû au bon contrôle des mesures prises au laboratoire et à la qualité des équipements de mesures du laboratoire qui est meilleure que celle des appareils utilisés pour des essais in-situ. Notons que le paramètre mesurant la variabilité d'une propriété est le coefficient de variation (COV) qui est défini comme étant le rapport entre l'écart-type et la moyenne de cette propriété. Nous présentons ci-dessous une synthèse sur la caractérisation statistique des propriétés du sol. Cette synthèse est inspirée de la thèse de Youssef Abdel Massih (2007) et est complétée ici par d'autres références.

III.1 La cohésion

Pour la cohésion non drainée C_u d'une argile, Phoon et Kulhawy (1999) ont préconisé un intervalle du coefficient de variation entre 10% et 55% qui résulte uniquement de la variabilité naturelle des paramètres de cisaillement du sol. Cet intervalle est obtenu à partir d'une étude exhaustive des données des essais in-situ [CPT, VST (Vane Shear Test)], et des essais au laboratoire [UC (Unconfined Compression), UU (Unconsolidated Undrained), $CIUT$ (Consolidated Isotropic Undrained Triaxial)]. La figure (1.3) montre les valeurs du coefficient de variation obtenues par les essais de laboratoire reportées par Phoon et Kulhawy (1999). Le coefficient de variation de la cohésion dû aux erreurs de mesure se situe dans l'intervalle 5% - 45% pour les essais in-situ et 5% - 40% pour les essais en laboratoire.

Cherrubini et al. (1993) ont rassemblé les valeurs du coefficient de variation de la cohésion non drainée proposées par plusieurs auteurs dans la figure (1.4). La variabilité due aux erreurs de mesure est incluse dans ces valeurs. Un intervalle de 12% à 145% a été trouvé. Ces auteurs ont aussi montré que la variabilité diminue avec l'augmentation de la cohésion du sol. Par conséquent, ils recommandent un intervalle de 12%-45% pour des sols moyens à forts.

Le tableau (1.1) présente les valeurs du coefficient de variation de la cohésion données dans la littérature par différents auteurs. Comme conclusion, un intervalle de 10%–40% pour le coefficient de variation de la cohésion est suggéré pour un sol moyen à fort. Pour des sols mous à grande variabilité, la valeur du COV peut atteindre une limite supérieure à 80%.

14

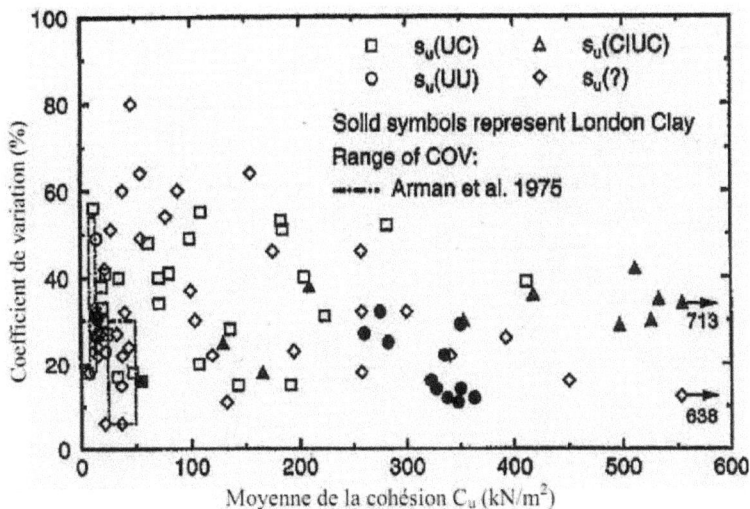

Figure 1.3 : Coefficient de variation de la cohésion en fonction de la moyenne
(Phoon et Kulhawy 1999)

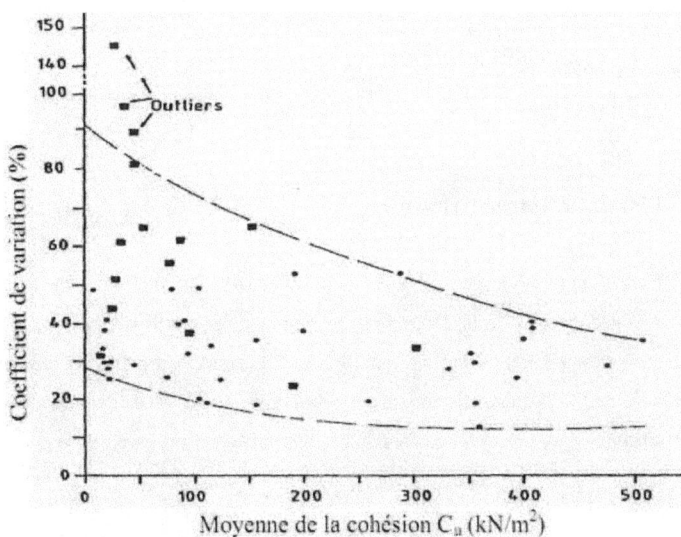

Figure 1.4 : Coefficient de variation de la cohésion en fonction de la moyenne
(Cherubini et al. 1993)

Tableau 1.1 : Valeurs du coefficient de variation de la cohésion du sol

Auteurs	COV$_c$ (%)
Lumb (1972)	30 - 50 (essai UC) 60 - 85 (argile extrêmement variable)
Morse (1972)	30 - 50 (essai UC)
Fredlund et Dahlman (1972)	30 - 50 (essai UC)
Alonso (1976)	25 - 31 (argile)
Cassan (1979)	18 - 64 (argile) 30 - 41 (limon) 37 (marne ou craie)
Lee et al. (1983)	20 - 50 (argiles) 25 - 30 (sables)
Ejezie et Harrop-Williams (1984)	28 – 96
Cherubini et al. (1993)	12 - 145 12 - 45 (argile moyenne à forte)
Lacasse et Nadim (1996)	5 -20 (argile – essai triaxial) 10 - 30 (limon argileux)
Phoon et Kulhawy (1999)	10 – 55
Duncan (2000)	13 – 40
Meyerhof (1951)	20 – 60

III.2 L'angle de frottement interne

Pour l'angle de frottement interne, un intervalle du coefficient de variation plus restreint que celui de la cohésion a été proposé dans la littérature. Le tableau (1.2) présente les valeurs préconisées par plusieurs auteurs. Pour la plupart des sols, la valeur moyenne de l'angle de frottement interne effectif se situe typiquement entre 20° et 40°. A l'intérieur de cette fourchette, le coefficient de variation proposé par Phoon et Kulhawy (1999) est essentiellement entre 5% et 15%.

III.3 Le module d'Young et le coefficient de Poisson

Il a été montré dans la littérature que les sols à faibles caractéristiques élastiques présentent une variabilité importante de leurs propriétés élastiques (Bauer et Pula 2000). Le tableau (1.3) présente quelques valeurs du coefficient de variation du module d'Young utilisées dans la littérature. Concernant le coefficient de Poisson v, il n'existe pas des informations suffisantes sur son coefficient de variation. Quelques auteurs suggèrent que la variabilité de ce paramètre peut être négligée dans le calcul du tassement des sols élastiques. D'autres proposent un intervalle de variabilité très restreint.

Tableau 1.2 : Valeurs du coefficient de l'angle de frottement du sol

Auteurs	$COV_\varphi(\%)$
Lumb (1966)	9 (différents types de sols)
Schultze (1972)	5 - 6 (sable ou gravier)
Singh (1972)	12 - 14 (sable ou gravier)
Baghery (1980)	20 (argile)
Baecher et al. (1983)	5 – 20 (tailings)
Harr (1987)	7 (gravier) 12 (sable)
Kotzia et al. (1993)	40 (argile)
Wolff (1996)	16 (alluvions)
Lacasse et Nadim (1996)	2 – 5 (sable)
Phoon et Kulhawy (1999)	5 – 11 (sable) 4 – 12 (argile, limon)

Tableau 1.3 : Valeurs du coefficient de variation du module d'Young

Auteurs	$COV_E(\%)$
Baecher et Christian (2003)	2 – 42
Nour et al. (2002)	40 – 50
Bauer et Pula (2000)	15
Phoon et Kulhawy (1999)	30

III.4 Lois de distribution de probabilité

Plusieurs distributions de probabilité (*PDF*) empiriques ont été reportées dans la littérature. Les distributions les plus connues sont les lois Normale, Lognormale, Exponentielle, Gamma et Bêta.

1. *Distribution Normale:* C'est la distribution la plus connue et la plus communément utilisée parmi toutes les lois de distribution de probabilité. Elle est caractérisée par deux moments statistiques qui sont la moyenne et l'écart-type ;
2. *Distribution Lognormale:* La loi Lognormale décrit la distribution d'une variable dont le logarithme suit une loi normale. Elle est surtout utilisée pour modéliser des variables qui n'admettent pas des valeurs négatives. Comme pour la distribution normale, la distribution lognormale est caractérisée par deux moments statistiques qui sont la moyenne et l'écart-type ;
3. *Distribution Exponentielle:* C'est une fonction à un seul paramètre. Elle est souvent utilisée pour la modélisation des données géométriques comme par exemple la distance séparant les joints des roches. Elle est aussi adaptée à la modélisation des charges sismiques (Haldar et Mahadevan 2000) ;
4. *Distribution Gamma:* Cette distribution ressemble à la distribution Lognormale.
5. *Distribution Bêta :* Cette distribution est recommandée dûe à sa flexibilité et à ses bornes inférieure et supérieure. Elle est surtout utilisée pour modéliser des variables bornées telles que l'angle de frottement interne du sol (Harr 1987, Fenton et Griffiths 2003). Cette distribution dépend de quatre paramètres.

Les études reportées dans la littérature ont montré que chaque propriété du sol peut suivre des distributions de probabilité différentes suivant les sites. Harr (1977), Ejezie et Harrop-Williams (1984) et Failmezger (2001) recommandent une distribution Bêta pour les propriétés de cisaillement du sol (c et φ). Lacasse et Nadim (1996) ont fait remarquer que la densité de probabilité de l'angle de frottement interne du sol est normalement distribuée dans les sables. Ils ont suggéré aussi une distribution Lognormale pour la cohésion dans les argiles et une loi Normale pour les limons argileux. Fenton et Griffiths (2003) ont utilisé une loi Lognormale pour la cohésion et une loi Bêta pour l'angle de frottement interne.

18

Concernant la densité de probabilité des propriétés élastiques du sol (E et v), il existe moins d'informations dans la littérature. La plupart des auteurs, qui utilisent ces paramètres comme étant des paramètres aléatoires, leur attribuent une densité de probabilité Lognormale (Nour et al. 2002). Cependant, quelques uns utilisent une loi Bêta à intervalle restreint pour le coefficient de Poisson (Bauer et Pula 2000).

III.5 Coefficient de corrélation

La corrélation entre deux ou plusieurs variables aléatoires est l'intensité de la liaison qui peut exister entre ces variables. La liaison recherchée est une relation affine. Dans le cas de deux variables, il s'agit de la régression linéaire. Une mesure de cette corrélation est obtenue par le calcul du coefficient de corrélation linéaire (noté ρ). Pour la corrélation entre les paramètres de cisaillement du sol (c et φ), Harr (1987) a montré qu'une corrélation existe entre la cohésion effective c' et l'angle de frottement interne effectif φ'. Les résultats de Wolff (1985) $\left(\rho_{c,\varphi} = -0,47 \right)$, Yuceman et al. (1973) $\left(-0,49 \le \rho_{c,\varphi} \le -0,24 \right)$, Lumb (1970) $\left(-0,7 \le \rho_{c,\varphi} \le -0,37 \right)$ et Cherubini (2000) $\left(\rho_{c,\varphi} = -0,61 \right)$ sont parmi ceux cités dans la littérature.

Concernant la corrélation entre les paramètres élastiques du sol (E et v), on n'a pas d'informations suffisantes. Les résultats reportés par quelques auteurs permettent de conclure qu'une corrélation négative existe entre ces deux paramètres (Bauer et Pula 2000).

IV   Méthodes de calcul de l'indice de fiabilité

L'indice de fiabilité d'un ouvrage est une mesure de sa sûreté qui prend en compte les incertitudes inhérentes aux différentes variables aléatoires d'entrées via leur distribution de probabilité (*PDF*). Deux indices de fiabilité existent dans la littérature : L'indice de Cornell (1969) et l'indice de Hasofer-Lind (1974). Ils sont présentés dans l'annexe A. Avant de présenter les méthodes de calcul de l'indice de fiabilité, on se propose de présenter les notions de fonction de performance et de surface d'état limite.

IV.1 Fonction de performance et surface d'état limite

En fiabilité, la surface d'état limite d'un ouvrage de génie civil (ou d'une composante d'un système mécanique) est définie comme étant l'ensemble des valeurs du vecteur aléatoire X pour lesquelles l'ouvrage se trouve juste à l'état limite de ruine. En termes mathématiques, la surface d'état limite sépare le domaine de défaillance du domaine de sûreté dans l'espace des variables aléatoires. Elle est caractérisée par une fonction de performance G, nulle (Figure 1.5). L'équation $G(x) = 0$ constitue dans un espace multidimensionnel une hypersurface. Le domaine de ruine ou de défaillance, F, correspond alors à la région $G(x) \leq 0$ et le domaine de sûreté à $G(x) > 0$. Par exemple, dans le cas de l'analyse de la fiabilité d'une fondation vis-à-vis de la rupture par poinçonnement du sol et pour deux variables aléatoires c et φ, la surface d'état limite dans ce cas est constituée de l'ensemble des couples (c, φ) pour lesquels on est juste à l'état limite de rupture en poinçonnement. Cette surface est représentée dans la figure (1.5) où les axes x_1 et x_2 peuvent par exemple représenter la cohésion c et l'angle de frottement interne φ du sol. La fonction de performance peut s'exprimer, pour un problème donné, de différentes manières. Par exemple, il y a deux formes différentes de la fonction de performance vis-à-vis du poinçonnement, pour un problème de fiabilité d'une fondation soumise à une charge verticale centrée : $G_1 = P_u / P_s - 1$ ou $G_2 = P_u - P_s$ où P_u et P_s sont respectivement la charge ultime verticale et la charge verticale appliquée à la fondation. Dans le cas où la charge P_s est déterministe (i.e. $COV_{P_s} = 0$) et seules les variables c et φ sont considérées comme des variables aléatoires, la surface d'état limite est constituée de l'ensemble des couples (c, φ) qui rendent la valeur de P_u égale à la valeur de P_s et donc d'aboutir à la ruine de la fondation par poinçonnement du sol avec $G_1 = G_2 = 0$.

IV.2 Méthode classique pour le calcul de l'indice de fiabilité

La recherche de l'indice de fiabilité de Hasofer-Lind comporte deux étapes essentielles :

1. Le passage de l'espace des variables physiques à l'espace des variables normales centrées réduites et indépendantes (appelé espace standard non corrélé) ;

2. La recherche de la distance minimale de l'origine du repère à la surface d'état limite dans l'espace standard non corrélé

La première étape consiste à utiliser des transformations isoprobabilistes (Lemaire 2005) telles que la transformation de Rosenblatt, de Nattaf et l'approximation selon une loi normale. La transformation de Rosenblatt est applicable si la distribution conjointe des variables aléatoires est connue, alors que seule la loi marginale et la corrélation sont connues dans la plupart des cas. La transformation de Nattaf ainsi que l'approximation selon une loi normale nécessite seulement la connaissance des distributions marginales des variables aléatoires. Cependant, le problème devient compliqué lorsque les variables sont corrélées : la transformation de l'espace physique corrélé à l'espace non corrélé nécessite une diagonalisation de la matrice de corrélation.

Après le passage de l'espace physique à l'espace standard non corrélé, la détermination de l'indice de fiabilité consiste à minimiser la distance de l'origine du repère à la surface de l'état limite. Plusieurs algorithmes de recherche de l'indice de fiabilité existent (Lemaire 2005) tels que l'algorithme de premier ordre de Hasofer-Lind-Rackwitz-Fiessler, les algorithmes de second ordre (Méthode de Newton et méthode hybride). Ces algorithmes sont basés sur des processus itératifs nécessitant le calcul des dérivées partielles de la fonction de performance.

IV.3 Méthode de calcul de l'indice de fiabilité de Hasofer-Lind par l'approche de l'ellipsoïde de LOW

La formulation matricielle de l'indice de fiabilite de Hasofer-Lind est donnée par Ditlevsen (1981) :

$$\beta_{HL} = \min_{x \in F} \sqrt{(x - \mu)^T C^{-1} (x - \mu)} \tag{1.1}$$

dans laquelle x est le vecteur représentant les n variables aléatoires, μ est le vecteur de leurs valeurs moyennes, C est leur matrice de covariance et F est le domaine de ruine. La minimisation de l'équation (1.1) est réalisée sur le domaine de ruine, F, correspondant à la région $G(x) \le 0$. Dans cette formule, pour le cas de n variables aléatoires, la forme quadratique de l'équation (1.1) représente l'équation d'un ellipsoïde à n dimensions.

Low et Tang (1997, 2004) ont introduit une interprétation intuitive de l'indice de fiabilité où le concept d'une ellipse homothétique (Figure 1.5) amène à une méthode simple et directe pour le calcul de l'indice de fiabilité de Hasofer-Lind dans l'espace physique des variables aléatoires sans passer par l'espace standard. Cette méthode a été présentée dans Youssef Abdel Massih (2007) et sera reproduite ici partiellement pour la clarté de l'exposé. Cette méthode sera utilisée dans cette thèse. Dans le cadre de cette méthode, la recherche de l'indice de fiabilité sera effectuée par une minimisation directe de la forme quadratique de l'équation (1.1) en utilisant un outil d'optimisation disponible dans la plupart des tableurs.

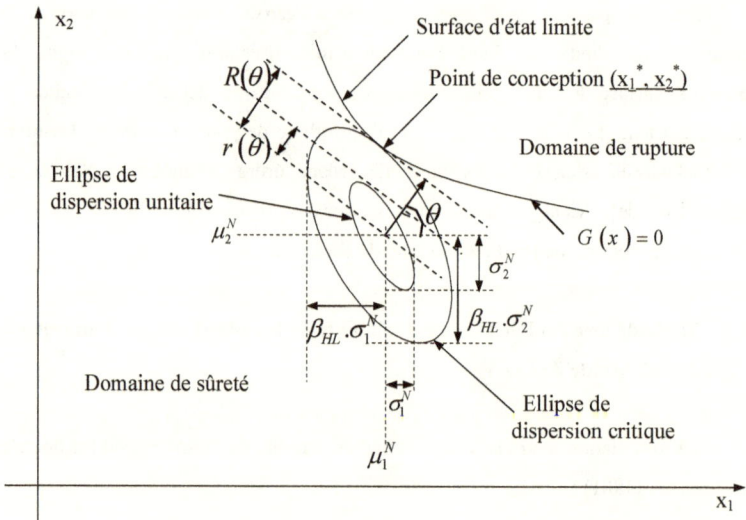

Figure 1.5: Point de conception et ellipses de dispersion dans l'espace physique de deux variables aléatoires (Youssef Abdel Massih 2007)

Lorsque seulement deux variables aléatoires non corrélées et non normales x_1 et x_2 sont utilisées, ces variables décrivent dans l'espace des variables aléatoires une ellipse. Cette ellipse est centrée sur les valeurs moyennes normales équivalentes

$\left(\mu_1^N, \ \mu_2^N \right)$ et dont les axes sont parallèles aux axes de coordonnées de l'espace physique initial. Pour des variables corrélées, l'ellipse est inclinée comme le montre la figure (1.5).

Low et Tang (1997) ont fait remarqué que l'indice de fiabilité de Hasofer-Lind β_{HL} donné par l'équation (1.1) peut être vu comme le ratio dans une direction donnée, entre la plus petite ellipse (qui est soit une expansion ou une contraction de l'ellipse unitaire) qui tangente la surface d'état limite et l'ellipse de dispersion unitaire (Figure 1.5). Notons que la plus petite ellipse tangente à la surface d'état limite sera désignée dans la suite par l'ellipse de dispersion critique. Notons aussi que l'ellipse de dispersion unitaire correspond à $\beta_{HL}=1$ dans l'équation (1.1) sans considérer le symbole lié à la minimisation.

Low et Tang (1997) ont aussi montré que la minimisation de β_{HL} dans l'équation (1.1) revient à maximiser la valeur de la fonction densité de probabilité Normale, et trouver le plus petit ellipsoïde qui est tangent à la surface d'état limite est équivalent à trouver le point de ruine le plus probable appelé 'point de conception' ou 'design point' (cf. Figure 1.5). Pour plus de détails, le lecteur pourra se référer à Low et Tang (1997). Notons que le point de conception permet de déterminer les facteurs de sécurité partiels pour chaque variable aléatoire [$F=\mu_x/x^*$ où x^* est la valeur de la variable aléatoire x au point de conception (obtenue lors de la minimisation de β_{HL}) et μ_x est sa moyenne].

Il est important de mentionner ici que si les écart-types des variables aléatoires x_1 et x_2 augmentent (ce qui traduit une plus grande incertitude sur les paramètres), l'ellipse de dispersion unitaire s'agrandit et le ratio des axes (i.e. indice de fiabilité) de l'ellipse de dispersion critique à l'ellipse de dispersion unitaire diminue indiquant un niveau de fiabilité plus faible. Cette capacité de l'indice de fiabilité à refléter le degré d'incertitude des paramètres est une des raisons qui fait qu'il est plus rationnel que le facteur de sécurité traditionnel.

IV.4   Méthode des surfaces de réponse 'Response Surface Method' RSM

Dans le cas où le modèle mécanique ne permet pas d'obtenir une expression analytique de la réponse du système mécanique (cas des logiciels d'éléments finis ou de différences finies), la méthode des surfaces de réponse est utilisée. Cette méthode permet de déterminer l'indice de fiabilité de Hasofer-Lind par approximations successives de la surface de réponse du système étudié. En effet, la méthode des surfaces de réponse consiste à approximer la réponse $Y(x)$ du modèle (et par conséquent la fonction de performance $G(x)$) par une expression analytique dont la forme est fixée à l'avance. Le choix d'une approximation polynomiale est classique dans le domaine de la fiabilité lié au calcul des structures. L'expression de la réponse sous forme quadratique est souvent utilisée :

$$Y(x) = a_0 + \sum_{i=1}^{n} a_i x_i + \sum_{i=1}^{n} \sum_{j=1}^{n} b_{ij} x_i x_j \qquad (1.2)$$

Les coefficients $(a_i,\ b_{ij})$ seront déterminés par la méthode de régression basée sur l'approche des moindres carrées et ce, en utilisant un nombre limité de calculs de la réponse du système via le modèle déterministe en des valeurs données des variables aléatoires x. Les points utilisés pour le calcul de la réponse du système mécanique sont appelés dans la suite "points de calage".

Une bonne approximation de la réponse du système dépend du bon choix des points de calage. Les meilleurs points de calage, qui permettent une bonne approximation de la réponse du système autour du point de conception, ne sont pas connus à l'avance. Plusieurs techniques itératives ont été proposées par plusieurs auteurs pour bien localiser ces points dans l'espace des variables aléatoires (Bucher et Bourgund 1990, Kim et Na 1997, Das et Zheng 2000, Duprat et al. 2004 et Tandjiria et al. 2000). L'algorithme de la méthode des surfaces de réponses utilisé dans ce travail de thèse est celui de Tandjiria et al. (2000) qui a montré son efficacité, sa convergence rapide et sa simplicité d'implémentation. Dans cette thèse, l'expression employée pour la réponse est de type quadratique avec des termes carrés mais sans termes croisés comme suit :

$$Y(x) = a_0 + \sum_{i=1}^{n} a_i x_i + \sum_{i=1}^{n} b_i x_i^2 \tag{1.3}$$

où $x_i (i = 1, ..., n)$ sont les variables aléatoires qui modélisent les paramètres incertains considérés dans le problème, n étant le nombre des variables aléatoires et (a_i, b_i) sont des coefficients à déterminer. Ces variables aléatoires sont caractérisées par leurs moyennes et leurs écart-types (ou coefficients de variation). Un bref descriptif des étapes de l'algorithme de Tandjiria et al. (2000) est présenté ci-dessous :

Etape 1 : Calcul de $Y(x)$ (respectivement $G(x)$) au point représentant les valeurs moyennes des variables aléatoires, de coordonnées $(\mu_1, ..., \mu_n)$ ainsi qu'aux 2n points situés à $\mu_i \pm k\sigma_i$ où k est une constante donnée (généralement k=1) ;

Etape 2 : Les 2n+1 valeurs de $Y(x)$ (respectivement $G(x)$) obtenues à l'étape précédente servent à déterminer les coefficients (a_i, b_i) et ce, en résolvant un système d'équations linéaires ;

Etape 3 : Calcul de l'indice de fiabilité β_{HL} par minimisation de l'équation (1.1). Cette minimisation aboutit au rapport entre l'ellipse de dispersion critique et celle unitaire (i.e. l'indice de fiabilité β_{HL}) tout en restant dans l'espace physique des variables aléatoires. Le point de la surface d'état limite correspondant à la tangence avec l'ellipse de dispersion critique est appelé "point de conception" ou "design point".

Etape 4 : Les étapes précédentes (i.e. "1" à "3") constituent une itération. Plusieurs itérations sont répétées jusqu'à la convergence (i.e. jusqu'à ce que l'écart entre les valeurs de β_{HL} pour deux itérations successives soit inférieur à une précision arbitraire choisie). Il est important de remarquer que chaque fois que l'étape "1" est reprise, les moyennes μ_i doivent être remplacées par les coordonnées du point de conception obtenu à l'étape "3" de l'itération précédente et les 2n nouveaux points $\mu_i \pm k\sigma_i$ entourent alors ce point de conception.

V   Méthodes de calcul de la probabilité de ruine

Étant donné un vecteur de n variables aléatoires X et une fonction de performance définie par $G(x)$, la probabilité de ruine P_f est définie par :

$$P_f = \int_{G(x)\leq 0} f(x)dx \qquad (1.4)$$

où $f(x)$ est la fonction de densité de probabilité conjointe des variables aléatoires X. Par exemple, dans le cas de deux variables aléatoires R (résistance) et S (sollicitation), l'intégrale (Equation 1.4) représente le volume situé dans le domaine de rupture et délimité par la surface de la fonction de densité de probabilité conjointe f_{RS} et la surface d'état limite. La figure (1.6) (Melchers 1999) présente la fonction de densité de probabilité conjointe f_{RS} des deux variables aléatoires R et S et la fonction d'état limite.

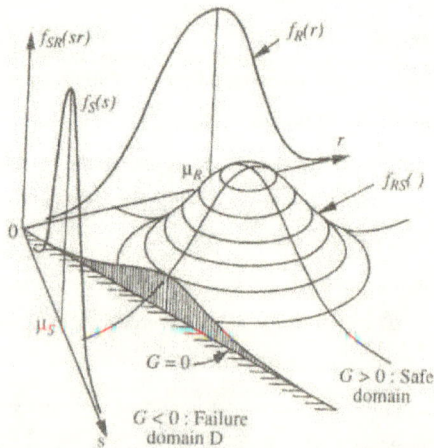

Figure 1.6 : Densité de probabilité conjointe et surface d'état limite de deux variables aléatoires R et S (Melchers 1999)

L'évaluation analytique de cette intégrale est très difficile, voire impossible dans la plupart des cas. Plusieurs méthodes sont suggérées dans la littérature pour le calcul de la probabilité de ruine. La méthode *FORM* (First Order Reliability Method) et la méthode *SORM* (Second Order Reliability Method) fournissent des solutions approchées. Cependant, les méthodes de simulation telles que la méthode de simulation de Monte Carlo (*MC*), la méthode de simulation par tirage d'importance (Importance Sampling *IS*) et la méthode de Subset simulation donnent une bonne estimation de la probabilité de ruine. Toutefois, ces méthodes sont numériquement très consommatrices en temps d'exécution. Dans le paragraphe suivant, on trouvera une brève description des méthodes utilisées dans cette thèse (i.e. méthode *FORM* et méthode de Monte Carlo).

V.1   Méthode FORM

La probabilité de ruine peut être approchée par la méthode *FORM* 'First Order Reliability Method' comme suit :

$$P_f \approx \Phi(-\beta_{HL})$$ (1.5)

où $\Phi(\cdot)$ est la fonction de répartition (Cumulative Density Function *CDF*) d'une variable normale standard et β_{HL} est l'indice de fiabilité de Hasofer-Lind. Dans cette méthode, la fonction d'état limite est approchée par un hyperplan (approximation du premier ordre) tangent à la surface d'état limite au point P^* dit de "conception" (Figure 1.7). La partie hachurée présente l'erreur commise lors de l'utilisation de la méthode *FORM* pour le calcul de la probabilité de ruine.

V.2   Méthode de simulation de Monte Carlo

La méthode de Monte Carlo est une méthode de simulation robuste. Elle consiste à générer des échantillons qui respectent la densité de probabilité conjointe des variables aléatoires (Figure 1.8). Pour chaque échantillon, la réponse du système est calculée.

L'intégrale qui donne la probabilité de ruine (équation 1.4) peut s'écrire :

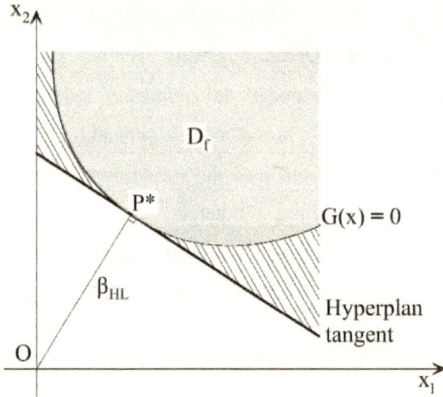

Figure 1.7 : Principe de l'approximation FORM : construction de l'hyperplan tangent
en P*

$$P_f = \int_\Omega I(x)f(x)dx \tag{1.6}$$

où Ω est le domaine entier des variables aléatoires et $I(x)$ est une fonction indicatrice définie par :

$$I(x) = \begin{cases} 1 & si \ G(x) \le 0 \\ 0 & si \ G(x) > 0 \end{cases} \tag{1.7}$$

Un estimateur non biaisé de la probabilité de ruine est donné par:

$$\widetilde{P}_f = \frac{1}{N}\sum_{i=1}^{N} I(x_i) \tag{1.8}$$

où N est le nombre des échantillons et $I(x)$ est défini par l'équation (1.7). Le coefficient de variation de l'estimateur est donné par:

$$COV(\widetilde{P}_f) = \sqrt{\frac{(1-P_f)}{NP_f}} \tag{1.9}$$

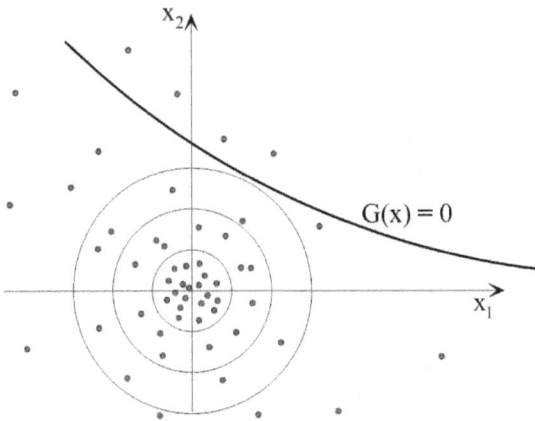

Figure 1.8 : Simulation de Monte Carlo dans l'espace des variables aléatoires physiques

VI Méthode d'approximation de la réponse : Méthode de la surface de réponse stochastique 'Stochastic Response Surface Method' SRSM

En fiabilité, si la réponse du système mécanique (ou la fonction de performance) est connue sous une forme analytique en fonction des variables aléatoires, l'indice de fiabilité et la probabilité de ruine peuvent être aisément calculés. Certains calculs déterministes (tel que les calculs aux éléments finis ou aux différences finies) ne permettent pas l'obtention d'une forme analytique explicite de cette réponse. Dans ce cas, des méthodes telles que la méthode des surfaces de réponse (Response Surface Method *RSM*) présentée auparavant ou la méthode des surfaces de réponse stochastique (Stochastic Response Surface Method *SRSM*) qui fait l'objet de cette section sont utilisées pour approcher par une forme analytique la réponse du système.

La méthode *RSM* présentée auparavant ne permet de calculer que l'indice de fiabilité. En plus, elle permet d'approximer la surface de réponse uniquement au voisinage très proche du point de conception ; les autres informations statistiques (i.e. moyenne probabiliste, écart-type, distribution de probabilité de la réponse, etc.) étant

29

des inconnues dans cette méthode. A l'opposé, la méthode *SRSM* permet de pallier à ces inconvénients.

La méthode *SRSM* permet de représenter par une équation analytique appelé méta-modèle (ou *PCE* pour Polynomial Chaos Expansion), la réponse d'un système mécanique dont les paramètres incertains sont modélisés par des variables aléatoires. Ainsi, la fonction de densité de probabilité (*PDF*) de cette réponse peut être facilement obtenue en appliquant la méthode de simulation de Monte Carlo sur le méta-modèle et ce, en générant plusieurs millions d'échantillons des paramètres incertains et en calculant les réponses correspondants en utilisant simplement une fonction analytique représentant le modèle mécanique (et non pas le modèle déterministe d'origine qui peut être très coûteux en temps de calcul). Un autre avantage de la méthode est qu'elle permet d'effectuer une analyse de sensibilité globale indiquant la contribution de chaque variable aléatoire d'entrée dans la variabilité de la réponse du système mécanique.

Il est à noter que le méta-modèle a pour but de représenter la réponse aléatoire du modèle par un ensemble de coefficients dans une base appropriée nommée chaos polynomial. Ces coefficients peuvent être calculés efficacement en utilisant une technique non-intrusive où le modèle déterministe n'a pas besoin d'être modifié (i.e. il est traité comme une boîte noire). Deux approches non-intrusives ont été proposées dans la littérature : l'approche de projection et celle de régression. Dans ce travail de thèse, l'approche de régression (Isukappalli et al. 1998, Isukapalli 1999, Phoon et Huang 2007, Huang et al. 2009, Mollon et al. 2011) est utilisée.

La méthode *SRSM* peut-être brièvement décrite comme suit : Considérons un modèle déterministe avec M paramètres aléatoires d'entrés réunis dans un vecteur $X = \{X_1, ..., X_M\}$. Les différents éléments de ce vecteur peuvent avoir différents types de *PDF*. Afin de représenter notre réponse du système mécanique par un *PCE*, tous les paramètres aléatoires d'entrées doivent être représentés par un seul type de *PDF*. Le tableau (1.4) présente les fonctions de densité de probabilité communément utilisées ainsi que leurs familles des polynômes orthogonaux correspondants (cf. Xiu et Karniadakis 2002).

Table 1.4: Fonctions de densité de probabilité communément utilisées ainsi que leurs familles des polynômes orthogonaux

Distribution	Polynôme
Gaussien	Hermite
Gamma	Laguerre
Bêta	Jacobi
Uniforme	Legendre

Dans ce mémoire, la variable normale standard indépendante est utilisée dans notre *PCE*. Ainsi, les polynômes orthogonaux correspondants sont des polynômes d'Hermite multidimensionnels. Les expressions de ces derniers sont données dans Isukapalli (1999) parmi d'autres. Elles sont également données dans l'annexe B. La réponse du système peut donc s'écrire comme suit :

$$\Gamma_{PCE}(\xi) = \sum_{\beta=0}^{\infty} a_\beta \Psi_\beta(\xi) \cong \sum_{\beta=0}^{P-1} a_\beta \Psi_\beta(\xi) \tag{1.10}$$

où ξ un vecteur de variables aléatoires standards non corrélées représentant le vecteur X des variables aléatoires physiques, a_β sont des coefficients à déterminer et Ψ_β sont des polynômes d'Hermite multidimensionnels. La représentation d'une réponse par un *PCE* doit être tronquée en retenant seulement les polynômes de degré inférieur ou égal à l'ordre p du *PCE*. Ce schéma de troncature conduit à un nombre P de coefficients a_β donné par :

$$P = \frac{(M+p)!}{M!\,p!} \tag{1.11}$$

Pour la détermination des coefficients du *PCE* par l'approche de régression, il est nécessaire d'évaluer la réponse du système pour un ensemble de points de collocation (i.e. points d'échantillonnage). Lorsque des variables normales standards indépendantes sont employées pour représenter les variables physiques X comme c'est le cas dans ce mémoire, les racines du polynôme Hermite unidimensionnel sont calculées pour chaque variable aléatoire (Isukappalli et al. 1998, Isukapalli 1999,

Phoon et Huang 2007, Huang et al. 2009). Les points de collocation sont le résultat de toutes les combinaisons possibles de ces racines pour les différentes variables aléatoires. Ainsi, le nombre N des points de collocation disponibles dépend du nombre M des variables aléatoires et de l'ordre p du PCE comme suit:

$$N = (p+1)^M \tag{1.12}$$

Il est à mentionner ici que pour effectuer les calculs déterministes, on doit transformer les variables ξ des différents points de collocation en des variables physiques corrélées et non-normales (si les variables physiques sont corrélées et non-normales). Le lecteur peut trouver dans l'annexe B une description détaillée de ces transformations.

Comme le montre l'équation (1.12), le nombre de points de collocation disponible augmente significativement lorsque p ou M augmente. Ce nombre est toujours plus grand que le nombre P donné par l'équation (1.11) quand $M \geq 2$. Ceci conduit à un système d'équations linéaires dont le nombre d'équations N est plus grand que celui d'inconnues P. En se basant sur l'approche de régression, le vecteur des coefficients inconnus peut être résolu par l'équation suivante :

$$a_\beta = \left(\Omega^T \Omega\right)^{-1} \Omega^T Y \tag{1.13}$$

où $Y = \left\{Y^1, \ ..., \ Y^N\right\}$ est le vecteur des valeurs de la réponse (calculé à partir du modèle déterministe pour les N points de collocation), et Ω est le matrice de dimension NxP. Elle est donnée par :

$$\Omega = \begin{bmatrix} \psi_0^1(\xi) & \psi_1^1(\xi) & \cdots & \psi_{P-1}^1(\xi) \\ \psi_0^2(\xi) & \psi_1^2(\xi) & \cdots & \psi_{P-1}^2(\xi) \\ \vdots & \vdots & \ddots & \vdots \\ \psi_0^N(\xi) & \psi_1^N(\xi) & \cdots & \psi_{P-1}^N(\xi) \end{bmatrix} \tag{1.14}$$

32

Plusieurs tentatives ont été faites dans la littérature pour sélectionner le nombre de points de collocation le plus efficace parmi les N points disponibles afin de réduire le nombre d'appels au code déterministe (Webster et al. 1996, Isukapalli et al. 1998, Berveiller et al. 2006, Sudret 2008). Un tableau récapitulatif du nombre de points de collocation donnés par différents auteurs est présenté dans l'annexe B. L'approche proposée par Sudret (2008) est la méthode la plus rationnelle pour déterminer le nombre de points de collocation nécessaire. Cette méthode est utilisée dans ce travail de thèse. Elle est basée sur l'inversibilité de la matrice d'information $A = \Omega^T \Omega$. Elle peut être décrite par les étapes suivantes : (a) les N points de collocation sont classés dans une liste par 'norme' (distance entre l'origine et le point de collocation dans l'espace des variables aléatoires normales standard non-corrélées) croissante, (b) la matrice d'information A est tout d'abord construite en utilisant les P premiers points de la liste, i.e. les P points de collocation qui sont les plus proches de l'origine du repère des variables aléatoires normales standard non-corrélées et finalement (c) la dimension de cette matrice est augmentée successivement en ajoutant à chaque fois un autre point de la liste (dans un ordre croissant de la norme) jusqu'à ce que la matrice soit inversible. Ceci conduit à un nombre K de points de collocation plus petit que le nombre N de points disponibles. Un tableau donnant le nombre de points de collocation disponible et celui suggéré par Sudret (2008) ainsi que le nombre des coefficients du PCE, pour différentes valeurs de l'ordre du PCE et pour différentes valeurs du nombre des variables aléatoires, est fourni en annexe B.

Il est important de noter ici que la qualité de l'approximation de la réponse *via* un *PCE* dépend de l'ordre p du *PCE*. Considérons K réalisations (i.e. K points de collocation) $\left\{ \xi^{(1)} = \left(\xi_1^{(1)}, ..., \xi_M^{(1)} \right), ..., \left(\xi_1^{(K)}, ..., \xi_M^{(K)} \right) \right\}$ du vecteur ξ (variables aléatoires normales standard non-corrélées) des M variables aléatoires d'entrées, et notons $\Gamma = \left\{ \Gamma \left(\xi^{(1)} \right), ..., \Gamma \left(\xi^{(K)} \right) \right\}$ les valeurs de la réponse déterminées par le modèle déterministe. Afin d'assurer une bonne concordance entre le méta-modèle et le vrai modèle déterministe (i.e. pour obtenir l'ordre optimal du *PCE*), le coefficient de détermination traditionnel R^2 est utilisé. Il est donné par :

$$R^2 = 1 - \frac{\Delta_{PCE}}{Var(\Gamma)} \qquad (1.15)$$

où Δ_{PCE} est donné par :

$$\Delta_{PCE} = (1/K)\sum_{i=1}^{K}\left[\Gamma\!\left(\xi^{(i)}\right) - \Gamma_{PCE}\!\left(\xi^{(i)}\right)\right] \tag{1.16}$$

et

$$Var(\Gamma) = \frac{1}{K-1}\sum_{i=1}^{K}\left[\Gamma\!\left(\xi^{(i)}\right) - \overline{\Gamma}\right]^2 \tag{1.17}$$

$$\overline{\Gamma} = (1/K)\sum_{i=1}^{K}\Gamma\!\left(\xi^{(i)}\right) \tag{1.18}$$

Notons que plus la valeur du coefficient de détermination R^2 est proche de 1, plus l'approximation de la réponse du système par le PCE est meilleure. Une fois l'approximation *via* un *PCE* est obtenue, ce *PCE* s'appellera méta-modèle et pourra être employé pour l'analyse probabiliste. Le *PDF* de la réponse du système et les moments statistiques correspondants (i.e. moyenne μ, l'écart-type σ, le coefficient d'assymétrie δ et le coefficient d'aplatissement κ) peuvent être facilement estimés. Ceci peut être fait par la simulation d'un grand nombre de réalisations des variables aléatoires standard normales non-corrélées (utilisation de la technique de simulation de Monte Carlo) et par le calcul de la réponse du système correspondant à chaque réalisation en utilisant le méta-modèle. En plus, on peut déterminer à partir de ces échantillons le coefficient de corrélation entre une variable aléatoire d'entrée $X^{(i)}$ et une réponse $Y^{(k)}$ ou entre deux réponses (s'il y a plusieurs réponses du modèle pour chaque point de collocation) par l'équation suivante :

$$\begin{aligned}\rho_{X^{(i)},Y^{(k)}} &= \left(1/\!\left(\sigma_{X^{(i)}}\sigma_{Y^{(k)}}\right)\right).\, E\left\{\!\left(X^{(i)} - \mu_{X^{(i)}}\right)\!\left(Y^{(k)} - \mu_{Y^{(k)}}\right)\!\right\} \\ &= \left(1/\!\left(n\sigma_{X^{(i)}}\sigma_{Y^{(k)}}\right)\right).\,\sum_{j=1}^{n}\left(X_j^{(i)} - \mu_{X^{(i)}}\right)\!\left(Y_j^{(k)} - \mu_{Y^{(k)}}\right)\end{aligned} \tag{1.19}$$

Un autre avantage important du méta-modèle est que ses coefficients peuvent être utilisés pour effectuer une analyse de sensibilité globale (ou *GSA* pour Global Sensitivity Analysis) et calculer l'indice de Sobol de chaque variable aléatoire ou combinaison de variables aléatoires. L'analyse de sensibilité globale est généralement basée sur la décomposition de la variance de la réponse en une somme des contributions de différentes variables aléatoires ou combinaisons de variables aléatoires (la somme de tous les indices de Sobol de toutes les variables aléatoires et combinaisons de variables aléatoires est égale à 1). Dans ce contexte, les indices de Sobol fournissent la contribution de chaque variable aléatoire ou de combinaison de variables aléatoires à la variabilité de la réponse du système (Sudret 2008). Ceci est important parce que l'ingénieur pourra ainsi détecter les paramètres incertains qui ont une contribution significative dans la variabilité de la réponse du système. Le lecteur peut trouver dans l'annexe B une description plus détaillée sur le calcul des indices de Sobol. Enfin notons que la *SRSM* permet d'effectuer une analyse fiabiliste sur le méta-modèle. Ceci peut être facilement réalisé puisque le *PCE* obtenu est donné dans l'espace des variables standard normales non corrélées. Ainsi, on peut déterminer l'indice de fiabilité et le point de conception correspondants à différents seuils de la réponse du système étudié.

VII Conclusion

Dans un premier temps, nous avons présenté dans ce chapitre une étude bibliographique sur les incertitudes en géotechnique. Nous avons exposé les différentes classes des incertitudes que l'on peut rencontrer dans la pratique ainsi que leur modélisation mathématique et les méthodes d'identification de ces incertitudes. Les intervalles des valeurs des paramètres statistiques des propriétés du sol présentés dans la littérature ont été rappelés. Pour le coefficient de variation de la cohésion du sol, un intervalle entre 10% et 40% a été suggéré par les auteurs pour un sol moyen à fort. Cependant, pour l'angle de frottement interne, un intervalle plus restreint entre 5% et 15% a été proposé. Concernant les propriétés élastiques du sol, le coefficient de variation du module d'Young varie entre 2% et 50%. Pour le coefficient de Poisson, un intervalle de variabilité très restreint lui a été proposé par quelques auteurs. Concernant les lois de distributions, les lois Lognormale, Gamma et Bêta sont les distributions qui ajustent au mieux les paramètres du sol. Pour les corrélations entres les paramètres du sol, il a été montré dans la littérature qu'une corrélation négative peut exister entre l'angle de frottement interne et la cohésion du sol, ainsi qu'entre le module d'Young et le coefficient de Poisson.

Dans un second temps, nous avons présenté une synthèse bibliographique sur les méthodes probabilistes utilisées dans ce mémoire pour la propagation des incertitudes des paramètres d'entrées à la réponse du système mécanique étudié.

- Pour le calcul de l'indice de fiabilité de Hasofer-Lind, nous avons présenté l'approche classique basée sur la transformation de la surface d'état limite de l'espace physique à l'espace standard puis l'approche de l'ellipsoïde de Low qui permet le calcul de l'indice de fiabilité tout en restant dans l'espace physique des variables aléatoires. Nous avons ainsi montré l'intérêt et la simplicité de l'approche de l'ellipsoïde de dispersion de Low et Tang (1997) pour la recherche de l'indice de fiabilité de Hasofer-Lind.

- Ensuite, nous avons présenté la méthode des surfaces de réponse 'Response Surface Method *RSM*' qui permet de déterminer l'indice de fiabilité de Hasofer-Lind par approximations successives de la surface de réponse au cas où le modèle mécanique ne fournit pas une expression analytique de la réponse du système étudié. Cette méthode sera largement utilisée dans le chapitre II de cette thèse.

Enfin, nous avons présenté la méthode d'approximation d'une réponse mécanique par un chaos polynomial en vue d'un traitement probabiliste. Il s'agit de la méthode de la surface de réponse stochastique (Stochastic Response Surface Method *SRSM*). Cette méthode sera largement utilisée dans le chapitre III de cette thèse. Nous avons montré que cette méthode est plus avantageuse que la méthode *RSM* pour l'analyse fiabiliste et probabiliste puisqu'elle permet de déterminer non seulement l'indice de fiabilité mais la distribution de probabilité de la réponse (donc les valeurs des moments statistiques de cette réponse : moyenne probabiliste, écart-type, aplatissement, etc. et la probabilité de ruine). En plus, cette méthode permet d'effectuer une analyse de sensibilité globale donnant la contribution de chaque variable aléatoire d'entrée dans la variabilité de la réponse du système mécanique. Enfin, elle permet d'effectuer une analyse fiabiliste et d'en déduire le point de conception et les facteurs de sécurité partiels correspondants.

Chapitre 2

Application de la RSM au calcul fiabiliste des fondations à l'ELU et à l'ELS utilisant des modèles élasto-plastiques

Introduction

Plusieurs auteurs ont réalisé des études probabilistes sur les fondations superficielles (Bauer et Pula 2000; Cherubini 2000; Griffiths et Fenton 2001; Griffiths et al. 2002; Low et Phoon 2002; Fenton et Griffiths 2002, 2003; Popescu et al. 2005; Przewlocki 2005; Sivakumar Babu et Srivastava 2007; Youssef Abdel Massih et al. 2008; Youssef Abdel Massih et Soubra 2008; Soubra et Youssef Abdel Massih 2010). Cependant, tous ces auteurs ont focalisé leurs recherches sur le cas des fondations soumises à un chargement vertical centré. Dans ce chapitre, on présente une étude probabiliste d'une fondation soumise à un chargement incliné. L'état limite ultime (ELU) et l'état limite de service (ELS) seront considérés dans nos analyses. Les modèles déterministes employés sont basés sur des simulations numériques utilisant le logiciel $FLAC^{3D}$. L'étude fiabiliste à l'ELU prend en compte deux modes de rupture (poinçonnement du sol et glissement de la fondation), tandis que celle à l'ELS considère deux modes liés au dépassement de déplacements limites vertical et horizontal de la fondation. Les variables aléatoires considérées dans l'analyse sont les paramètres de cisaillement du sol c et φ à l'ELU et les paramètres élastiques du sol E et v à l'ELS. La méthode de surface de réponse RSM est employée pour approximer la réponse du système. L'indice de fiabilité de Hasofer-Lind est utilisé pour déterminer la fiabilité de la fondation.

Le chapitre est organisé comme suit : La partie A sera consacrée à l'élaboration des modèles déterministes et la partie B aura pour objet de réaliser l'étude probabiliste à l'ELU et à l'ELS. Le premier objectif de cette dernière partie est de déterminer les zones de prédominance (glissement de la fondation ou poinçonnement du sol à l'*ELU* et dépassement d'un seuil de déplacement horizontal ou vertical à l'*ELS*) dans le diagramme d'interaction. Le deuxième objectif est d'étudier la sensibilité de la probabilité de ruine aux différents paramètres d'entrée (paramètres statistiques et géotechniques). Le chapitre s'achève par une conclusion.

Partie A : Calcul des réponses déterministes à l'ELU et l'ELS

Pour le calcul de la capacité portante des fondations superficielles filantes soumises à un chargement vertical centré, l'ingénieur dispose de plusieurs méthodes de calcul basées sur des schémas de calcul analytiques (de type équilibre limite ou analyse limite). Pour le cas d'un chargement incliné (V, H), excentré (V, M) ou complexe (V, H, M), la capacité portante de la fondation est généralement déterminée en calculant la portance pour un chargement vertical centré et puis en lui appliquant des facteurs de réduction liés à l'inclinaison et/ou l'excentrement du chargement.

Pour le cas particulier d'un chargement incliné, deux réponses du système (facteurs de sécurité) correspondant à deux modes de rupture différents (poinçonnement du sol et glissement de la fondation) sont généralement calculés et comparés aux valeurs cibles. Ces facteurs de sécurité sont donnés respectivement par : $F_p = V_u/V$ et $F_g = H_u/H$ où V_u et H_u sont respectivement les composantes verticale et horizontale de la charge ultime. Il est à noter que chacun de ces facteurs de sécurité considère seulement un seul mode de rupture. Ceci ne correspond pas à la réalité où les deux modes de rupture (poinçonnement du sol et glissement de la fondation) réagissent simultanément pour toutes les configurations possibles du chargement incliné. Pour pallier à cet inconvénient, on se propose ici de calculer une réponse unique du système à l'*ELU*. Cette réponse est le facteur de sécurité F_s défini vis-à-vis des caractéristiques mécaniques du sol c et $tan\varphi$ (au lieu de F_p et F_g définis plus haut) qui donne rigoureusement l'information sur le niveau de sécurité à l'*ELU* en tenant compte de l'effet simultané des deux modes de rupture. En plus, ce paramètre est capable d'indiquer le mode de rupture le plus prédominant (poinçonnement du sol ou glissement de la fondation) pour n'importe quelle configuration de chargement.

Nous commençons la présentation de cette partie par la description du logiciel *FLAC³ᴰ* utilisé pour la modélisation numérique du système sol-fondation, ainsi que les méthodologies pour calculer les réponses du système (charge ultime, déplacement, …). Les résultats numériques seront ensuite présentés et discutés.

I   Description du logiciel FLAC³ᴰ

FLAC³ᴰ (Fast Lagrangian Analysis of Continua) est un code de calcul en trois dimensions. Il est particulièrement adapté pour les problèmes impliquant des charges limites et un écoulement plastique libre. Dans ce code, bien qu'une analyse mécanique statique (*i.e.* non dynamique) soit requise, les équations du mouvement sont employées. La solution d'un problème statique est obtenue en forçant le processus dynamique à décroître jusqu'à s'annuler. Ceci est effectué en incluant des termes d'amortissement qui retirent graduellement l'énergie cinétique du système. Les contraintes et les déformations sont calculées à plusieurs intervalles de temps (appelés cycles) jusqu'à ce qu'un état d'équilibre statique ou d'écoulement plastique libre soit atteint. Le critère de convergence pour contrôler la fin des cycles de calcul est simplement basé sur l'état d'équilibre de l'ensemble des éléments. Le programme teste pour chacun des éléments le déséquilibre de force et retient la force maximale non équilibrée (unbalanced force) de tous les éléments du système. L'utilisateur définit la force maximale non équilibrée en dessous de laquelle la convergence est supposée suffisante.

Il est important de mentionner ici que le langage *FISH* dans le logiciel *FLAC³ᴰ* permet aux utilisateurs de définir des variables, d'écrire des fonctions, d'automatiser des procédures en vue d'analyses paramétriques, etc.

II   Modélisation déterministe utilisée dans FLAC³ᴰ pour le cas d'un chargement incliné ou excentré

II.1   Modélisation numérique adoptée pour le système sol-fondation

Pour le calcul des charges limites, du facteur de sécurité ou des déplacements (déplacements vertical et horizontal et rotation) d'une fondation superficielle filante reposant sur un sol (c, φ) et soumise à un chargement incliné et/ou excentré, la fondation est simulée ici avec des éléments massifs. Elle est considérée non pesante. La figure (2.1) présente une fondation de largeur B=2m et de hauteur h=0,5m, reposant sur un domaine de sol de longueur 20B=40m et de hauteur 5B=10m. Le maillage considéré pour le sol (cf. figure 2.1) est non uniforme mais symétrique par rapport à l'axe vertical passant par le centre de la fondation. Les limites verticales et horizontale du domaine sont suffisamment loin de la fondation pour ne pas perturber le champ de vitesses dans le sol pour toutes les configurations du sol et de chargement étudiées ultérieurement. La fondation est reliée au sol par des éléments d'interface suivant la loi de Coulomb. La prise en compte de ces éléments d'interface entre le sol et la fondation est nécessaire dans le cas d'un chargement incliné ou excentré afin de pouvoir simuler (i) le glissement de la fondation pour des fortes inclinaisons du chargement et (ii) le décollement de la fondation pour de fortes excentricités.

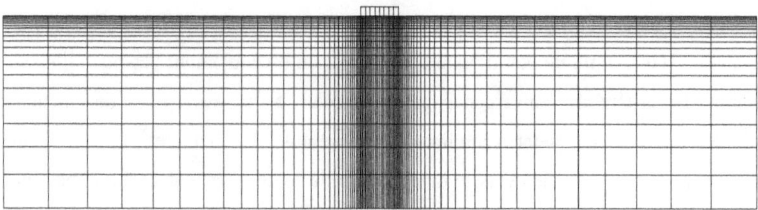

Figure 2.1 : Maillage du modèle étudié

Le sol est modélisé par une loi de comportement élastique parfaitement plastique basée sur le critère de rupture de Mohr-Coulomb. Les caractéristiques du sol sont les suivantes : c=20kPa, φ=30°, ψ=20°, γ=18kN/m³, E=240MPa, υ=0,2 (i.e. G=100MPa et K=133MPa). Concernant les caractéristiques mécaniques de l'interface sol-fondation, les valeurs considérées ont été prises égales à celles du sol afin de modéliser un contact parfaitement rugueux : $\varphi_{interface}$=φ_{sol}=30°, $c_{interface}$=c_{sol}=20kPa, $\psi_{interface}$=ψ_{sol}=20°. Les coefficients de raideur normale et de cisaillement de l'interface sont considérés comme suit : k_n=1GPa/m et k_s=1GPa/m. [La fondation est considérée suivre une loi élastique linéaire avec les caractéristiques élastiques E=25GPa et υ=0,4 : Ce module d'Young est considéré comme étant égal à cent fois celui du sol et ce, afin de modéliser une fondation rigide]. Il s'est avéré lors de nos calculs numériques que les propriétés élastiques du sol et de la fondation ainsi que les valeurs de k_n et k_s de l'interface, n'ont que très peu d'influence sur la charge de rupture et sur le facteur de sécurité.

Par ailleurs, il est important de noter ici que $FLAC^{3D}$ permet le calcul du facteur de sécurité F_s défini vis-à-vis des caractéristiques mécaniques du sol c et $tan\varphi$ uniquement dans l'hypothèse d'un modèle de comportement de type Mohr-Coulomb pour l'ensemble des zones (i.e. maillage) considérées dans le système, inclus la fondation. C'est la raison pour laquelle la fondation doit être modélisée dans ce cas par un matériau qui suit le modèle élastique parfaitement plastique basé sur le critère de Mohr-Coulomb. Afin de palier à cet inconvénient, les caractéristiques de la fondation ont été choisies comme suit: une très grande valeur de 200GPa a été affectée à la cohésion et ce, afin de limiter les déformations de cette fondation et simuler un comportement purement élastique ; l'angle de frottement interne et l'angle de dilatance sont par contre considérés les mêmes que ceux du sol. En effet, il s'est avéré que les valeurs de ces paramètres n'ont aucune incidence sur les valeurs des charges de rupture ou du facteur de sécurité. Enfin, pour vérifier la validité de l'utilisation d'un modèle de Mohr-Coulomb pour la fondation, les tests suivants ont été effectués : Dans le cas d'un chargement centré, la valeur de la charge ultime est calculée en utilisant un modèle élastique pour la fondation. Ensuite, cette même charge ultime est appliquée au cas où la fondation est modélisée par une loi de comportement élasto-plastique suivant le critère de Mohr-Coulomb. Le facteur de sécurité F_s calculé dans ce cas est trouvé égal à 1. Ce même test a été effectué également pour le cas d'un chargement incliné ou excentré, et a donné aussi dans ces cas des bons résultats (i.e. F_s=1). Ces tests montrent que la modélisation considérée pour la fondation (i.e. avec le critère de Mohr-Coulomb) est appropriée.

II.2   Méthodologies déterministes utilisées dans FLAC³ᴰ pour le calcul des charges limites, du facteur de sécurité, du déplacement vertical ou horizontal et de la rotation d'une fondation superficielle filante soumise à un chargement incliné ou excentré

La procédure suivante est adoptée avant toute simulation : Les contraintes géostatiques sont appliquées au sol. Ensuite, l'amortissement graduel de l'énergie cinétique (damping) est réalisé en effectuant un certain nombre de cycles jusqu'à atteindre un état d'équilibre statique dans le sol. Une fois l'équilibre statique dû aux contraintes géostatiques est atteint, les déplacements sont initialisés à zéro afin d'obtenir les déplacements dus uniquement aux charges appliquées à la fondation.

II.2.1 Charges ultimes dans le cas d'un chargement incliné

Pour le cas d'un chargement incliné, les différents couples (V, H) appliqués au centre de la fondation et correspondant à un état de rupture seront représentés sous la forme d'un diagramme d'interaction. Notons tout d'abord que le point du diagramme d'interaction pour lequel H est égal à zéro correspond à la capacité portante d'une fondation superficielle soumise à une charge verticale centrée. Pour obtenir ce point, on effectue un pilotage en déplacement par le biais de vitesses verticales appliquées aux nœuds situés à la base de la fondation (Figure 2.2c). Un amortissement de l'énergie cinétique est ensuite réalisé en effectuant un certain nombre de cycles jusqu'à atteindre un état stationnaire d'écoulement plastique dans le sol. Cet état est obtenu lorsque les deux conditions suivantes sont satisfaites :

- L'augmentation de nombre de cycle ne modifie plus la charge de fondation ;
- Les forces non-balancées deviennent négligeables (inférieures à 10^{-4}).

A chaque cycle, la charge de fondation est obtenue en utilisant une fonction *FISH* qui intègre les contraintes normales de tous les éléments en contact avec la fondation. La valeur de la charge verticale de fondation à l'état d'écoulement plastique libre est la charge ultime de rupture de la fondation. La capacité portante ultime est obtenue en divisant cette charge par la surface de contact sol-fondation.

Concernant la procédure de simulation numérique utilisée pour le calcul d'un point (V, H) du diagramme d'interaction, celle-ci peut être expliquée comme suit : La charge verticale centrée V (qui est certainement plus petite que la charge ultime d'une fondation chargée verticalement) est appliquée à la fondation *via* une répartition uniforme des contraintes sur les nœuds situés à la base de la fondation (Figure 2.2a). Un amortissement de l'énergie cinétique est ensuite réalisé en effectuant un certain nombre de cycles jusqu'à ce qu'apparaisse un état stationnaire d'équilibre statique dans le sol. Dans un second temps, on effectue un pilotage en déplacement par le biais de vitesses horizontales appliquées aux nœuds situés à la base de la fondation (Figure 2.2b). De nouveau, un amortissement de l'énergie cinétique est réalisé jusqu'à cette fois-ci atteindre un état stationnaire d'écoulement plastique dans le sol. A chaque cycle, la charge horizontale de la fondation est obtenue par l'utilisation d'une fonction *FISH* qui intègre les contraintes de cisaillement de l'ensemble des éléments en contact avec la fondation. La valeur de la charge horizontale à l'état stationnaire d'écoulement plastique correspond à la charge ultime horizontale qui amène à la rupture. La capacité portante est issue de la division de la charge verticale appliquée par la surface de contact sol-fondation. Pour le calcul des différents points du diagramme d'interaction faisant intervenir les deux composantes V et H, le processus de calcul présenté plus-haut est répété pour différentes valeurs de la charge verticale V comprises entre zéro et la valeur de la charge ultime verticale correspondant au chargement vertical centré.

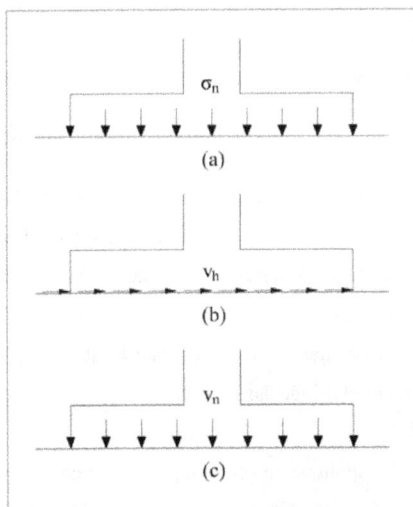

Figure 2.2 : Application à la base de la fondation : a) des contraintes verticales uniformes; b) d'une vitesse horizontale; c) d'une vitesse verticale

II.2.2 Charges ultimes dans le cas d'un chargement excentré

Pour le cas d'un chargement excentré, les différents couples (V, M) appliqués
au centre de la fondation et correspondant à un état de rupture seront représentés sous
la forme d'un diagramme d'interaction. Notons que la méthode de calcul de la charge
de ruine d'un chargement vertical centré (i.e. pour $M=0$) a été décrite dans le
paragraphe précédent. La procédure de simulation numérique utilisée pour le calcul
d'un point quelconque du diagramme d'interaction faisant intervenir les deux
composantes V et M (i.e. correspondant à un chargement excentré de e), consiste à
appliquer une vitesse verticale descendante excentrée de e par rapport au centre de la
fondation (Figure 2.3).

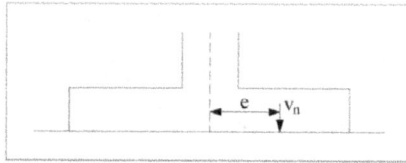

Figure 2.3 : Application d'une vitesse verticale d'excentricité e à la base de la
fondation

L'amortissement graduel de l'énergie cinétique est réalisé en effectuant un
certain nombre de cycles jusqu'à atteindre un état stationnaire d'écoulement plastique
libre dans le sol. Notons qu'à chaque cycle de calcul, la charge verticale est
déterminée par une procédure *FISH* qui intègre les contraintes normales le long de
l'interface sol-fondation. La charge ultime verticale V est celle qui correspond à l'état
stationnaire d'écoulement plastique dans le sol.

Le couple (V, M) appliqué au centre de la fondation et représentant la rupture
s'obtient comme suit : En ce qui concerne V, on considère la valeur de la charge
verticale correspondant à l'écoulement plastique et obtenue par intégration numérique
des contraintes normales au contact sol-fondation. Quant au moment correspondant
M, il se calcule comme suit : $M = V^*e$ où e représente l'excentrement de la résultante
des contraintes normales au contact sol-fondation. Notons que l'hypothèse d'une
vitesse excentrée de e (où e doit représenter l'excentrement du chargement) a été

44

justifiée à partir des résultats numériques obtenus. En effet, l'excentrement de la résultante des contraintes normales au contact sol-fondation a été trouvé égal à celui de la force appliquée à la fondation.

De manière similaire au cas du chargement incliné, pour le calcul des différents points du diagramme d'interaction faisant intervenir les deux composantes V et M, le processus de calcul présenté plus-haut est répété pour différentes valeurs de l'excentrement de la vitesse.

II.2.3 Facteur de sécurité pour le cas d'un chargement incliné ou excentré

Dans le cas d'un chargement incliné ou excentré, la procédure de calcul du facteur de sécurité F_s dans $FLAC^{3D}$ est basée sur la méthode des caractéristiques réduites. Ce type de calcul est réalisé en utilisant la commande 'Solve fos' propre au logiciel $FLAC^{3D}$. Elle permet de chercher automatiquement le facteur de sécurité. Des simulations numériques sont successivement réalisées par le logiciel pour une série des valeurs de test 'F_s^{test}' du facteur de sécurité. La cohésion c et l'angle de frottement interne φ pour chaque test sont ajustés selon les équations suivantes :

$$c^{test} = \frac{1}{F_s^{test}} c \qquad (2.1)$$

$$\varphi^{test} = arctan\left(\frac{1}{F_s^{test}} tan\varphi\right) \qquad (2.2)$$

La valeur de F_s^{test} pour laquelle la rupture est atteinte est calculée par la méthode de dichotomie. Cette valeur correspond au facteur de sécurité recherché.

II.2.4 Déplacement vertical ou horizontal et rotation de la fondation pour le cas d'un chargement incliné ou excentré

La charge de service est appliquée aux nœuds de la fondation par l'intermédiaire de contraintes uniformément réparties pour le cas d'un chargement incliné, et d'une charge ponctuelle excentrée pour le cas d'un chargement excentré.

L'amortissement graduel de l'énergie cinétique est réalisé en effectuant un certain nombre de cycles jusqu'à atteindre un état d'équilibre statique dans le sol. Le déplacement ou la rotation de la fondation est déterminé pour chaque cycle de calcul (Figure 2.4). Le déplacement et la rotation tendent vers une valeur constante quand l'état d'équilibre statique est atteint dans le sol. Cette valeur asymptotique représente le déplacement de la fondation dû à la charge appliquée. Notons que la rotation de la fondation est calculée comme étant le rapport entre la différence de déplacements verticaux des deux extrémités de la fondation et la largeur de cette fondation.

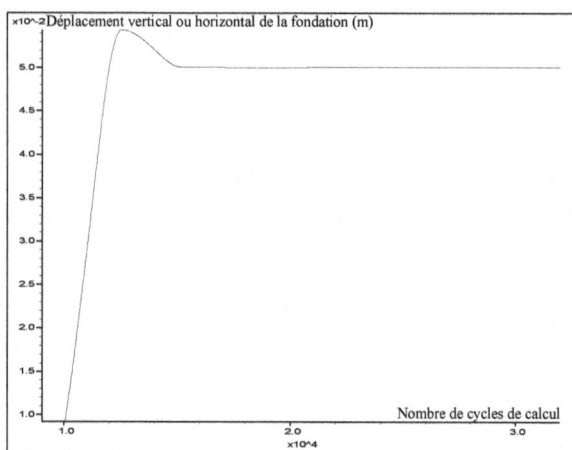

Figure 2.4 : Allure du déplacement vertical ou horizontal en fonction du nombre de cycles

III   Zones de prédominance du poinçonnement et du glissement

Cette section a pour l'objectif de déterminer à partir de l'approche déterministe le mode de rupture le plus prédominant pour une configuration donnée d'un chargement se trouvant à l'intérieur du diagramme d'interaction. On se propose aussi de calculer le facteur de sécurité correspondant.

La figure (2.5) présente le diagramme d'interaction (V, H) correspondant aux valeurs suivantes de c et φ : c=20kPa et φ=30°. Cette figure montre que la composante

46

horizontale H augmente jusqu'à atteindre un maximum (H=340kN/m) pour V=1020kN/m, puis elle diminue pour s'annuler quand V est égale à la charge ultime d'une fondation chargée verticalement. Le glissement de la fondation par rapport au sol sous-jacent se développe pour de grandes inclinaisons de la charge (i.e. petites valeurs de V) et le poinçonnement du sol aura lieu pour de faibles valeurs de l'inclinaison (i.e. grandes valeurs de V).

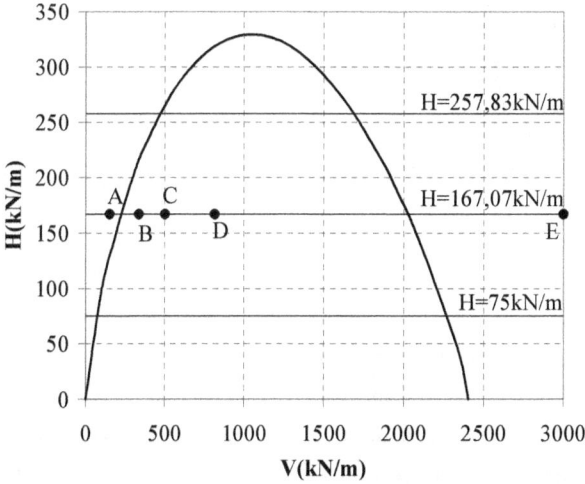

Figure 2.5 : Diagramme d'interaction pour le cas d'un chargement incliné (V, H)

Notons que le diagramme d'interaction correspond à une valeur 1 du facteur de sécurité défini vis-à-vis des caractéristiques mécaniques du sol. D'autres diagrammes correspondants à d'autres valeurs de F_s ($F_s>1$) ont été tracés dans la figure (2.6). Ces diagrammes ont été construits de la même façon que le diagramme d'interaction (i.e. celui correspondant à $F_s=1$) en remplaçant (c, φ) par (c_d, φ_d) définis comme suit :

$$c_d = \frac{c}{F_s} \tag{2.3}$$

$$\varphi_d = a\,tan\left(\frac{tan\,\varphi}{F_s}\right) \tag{2.4}$$

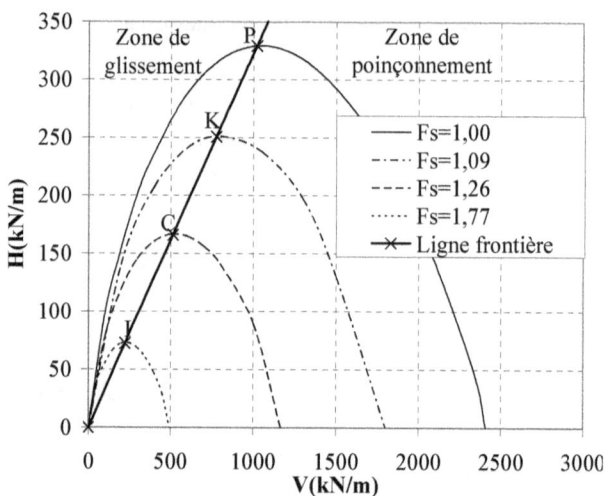

Figure 2.6 : Diagramme d'interaction (correspondant à F_s=1) et d'autres diagrammes correspondant à différentes valeurs de F_s dans le cas du chargement incliné (V, H)

La figure (2.6), permet non seulement de déterminer la frontière entre le domaine de sûreté et celui de rupture (à partir du diagramme correspondant à F_s=1), mais aussi d'estimer le niveau de sécurité (i.e. facteur de sécurité) correspondant à chaque configuration de charge se trouvant à l'intérieur du diagramme d'interaction. En plus, on observe que les différents points maximums de tous ces diagrammes appartiennent à une droite OP. Cette droite correspond au rapport H/V=0,32 (dans le cas présent du sol étudié) et donc à une inclinaison de charge α=18,43°. On montrera par la suite que cette droite délimite deux zones différentes : une zone où le poinçonnement du sol est prédominant et une autre où le glissement de la fondation est prédominant.

La figure (2.7) présente le facteur de sécurité F_s en fonction de la composante verticale de la charge V pour trois valeurs de H correspondant aux points I, C et K de la figure (2.6). Ces courbes montrent que F_s passe par une valeur maximale aux points I, C et K (qui sont les points maximaux des diagrammes de la figure (2.6) correspondants à F_s=constant). On peut remarquer que pour ces trois courbes, la valeur maximale de F_s correspond exactement au rapport H/V (H/V=0,32) observé dans la figure (2.6), i.e. à l'inclinaison de charge α=18,43°. Ainsi, chaque point de la

48

ligne OP fournit un facteur de sécurité maximal par rapport aux autres points ayant la même valeur de H. Par conséquent, cette ligne peut être considérée comme celle divisant l'espace (V, H) en deux zones: une zone au-dessus de cette ligne pour laquelle le glissement de la fondation est prédominant, et une autre zone en dessous de cette ligne pour laquelle le poinçonnement du sol est prédominant. Cette interprétation peut être justifiée de la manière suivante : pour les grandes valeurs de l'inclinaison de charge (i.e. pour les petites valeurs de V dans la figure 2.7), le mode de rupture par glissement est prédominant et le facteur de sécurité augmente avec l'augmentation de la charge verticale. Cependant, pour les petites valeurs de l'inclinaison de charge (i.e. pour les grandes valeurs de V dans la figure 2.7), le mode de rupture par poinçonnement du sol est prédominant et dans cette zone le facteur de sécurité diminue avec l'augmentation de la charge verticale.

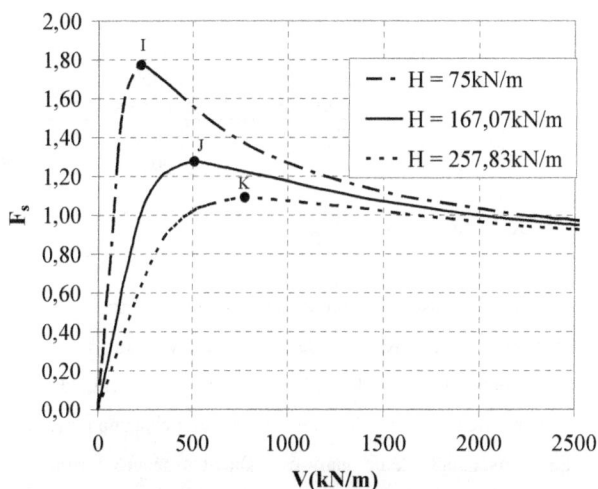

Figure 2.7 : Facteur de sécurité F_s en fonction de V pour différentes valeurs de H dans le cas d'un chargement incliné (V, H)

Partie B: Analyses fiabilistes d'une fondation superficielle filante soumise à un chargement incliné

I   Analyse fiabiliste à l'ELU

Dans cette partie, on présente une analyse fiabiliste à l'*ELU* d'une fondation superficielle filante reposant sur un sol et soumise à un chargement incliné (Youssef Abdel Massih et al. 2010). Seuls les paramètres de cisaillement du sol sont modélisés comme variables aléatoires. Leurs données statistiques sont présentées dans le tableau (2.1).

Tableau (2.1) : Données statistiques des variables aléatoires d'entrées

Variables	Moyenne	COV %	Bornes dans le cas des variables non normales	Type de distribution Cas 'Variables normales'	Cas 'Variables non normales'
c [kPa]	20	20	]0, $+\infty$ [	Normale	Log-normale
φ [°]	30	10	]0, 45[	Normale	Beta

I.1   Fonction de performance

Une fondation soumise à un chargement incliné peut être analysée comme un système comportant deux différents modes de rupture qui sont le glissement de la fondation et le poinçonnement du sol. Conventionnellement, deux différentes fonctions de performance sont utilisées dans ce cas, dont chacune représente un mode de rupture. Par conséquent, deux analyses fiabilistes séparées sont généralement employées (Soubra et Youssef Abdel Massih 2010) et un calcul approché de l'indice de fiabilité du système est nécessaire. Ce calcul de système doit tenir compte du degré de dépendance des deux modes de rupture qui est généralement inconnu. Une simplification du problème serait de calculer une valeur approchée de l'indice de fiabilité du système soit en ignorant la corrélation entre les modes de rupture soit en considérant une corrélation parfaite entre eux. Dans l'étude suivante, une seule et unique analyse fiabiliste est utilisée ce qui permettra d'éviter d'effectuer un calcul approché du système de fiabilité et l'interaction entre les deux modes de rupture est considérée automatiquement. Ceci est fait en remplaçant les deux fonctions de performance liées au poinçonnement et au glissement par une seule et unique fonction de performance comme suit :

$$G_1 = F_s - 1 \qquad\qquad (2.5)$$

où F_s est le facteur de sécurité déjà défini dans la partie déterministe. Cette fonction de performance prend en compte l'effet simultané des deux modes de rupture ainsi que leur interaction dans un seul calcul et donne une marge de sécurité rigoureuse unique du fait de la non-utilisation d'un calcul approché de la fiabilité de système.

I.2   Zones de prédominance du poinçonnement et du glissement

La figure (2.8) montre l'effet de la composante verticale du chargement V (i) sur le facteur de sécurité déterministe et (ii) sur la probabilité de ruine calculée par l'approximation FORM *via* l'indice de fiabilité de Hasofer-Lind déterminé par la méthode RSM. Le calcul est effectué pour le cas des variables aléatoires normales non corrélées et pour H=167,07kN/m.

Contrairement à la courbe du facteur de sécurité qui présente un maximum, la courbe de la probabilité de ruine présente un minimum. La probabilité de ruine atteint la valeur de 50% à deux reprises. La première valeur de 50% est obtenue pour un chargement V faible correspondant au glissement de la fondation (point d'intersection de la droite H=167,07kN/m et de la branche gauche du diagramme d'interaction) et la seconde valeur correspond à un chargement V important et traduit le poinçonnement du sol (point d'intersection de la droite H=167,07kN/m et de la branche droite du digramme d'interaction). Il est aussi important de noter ici que la valeur minimale de la probabilité de ruine et la valeur maximale du facteur de sécurité correspondent à la même valeur de la charge verticale appliquée. L'ensemble de ces observations peut être interprété comme suit :

Pour des petites valeurs de V, la rupture par glissement est prédominante. Lorsque V augmente, la contribution du mode de glissement à rupture diminue et celle du poinçonnement augmente graduellement jusqu'à ce que les deux modes aient presque la même contribution par rapport à la rupture. Pour ce cas, le facteur de sécurité atteint sa valeur maximale et par conséquent, la probabilité de ruine qui lui correspond est minimale. Si V continue à augmenter, la contribution du mode de poinçonnement devient de plus en plus importante et celle du glissement devient négligeable. Dans ce cas, seul le mode de poinçonnement prédomine dans le calcul de la probabilité de ruine et du facteur de sécurité. Il est important de mentionner ici que le fait d'avoir les mêmes valeurs de (V, H) qui donnent le maximum de F_s et le minimum de P_f tient à la définition d'une seule fonction de performance qui prend en compte de manière simultanée les deux modes de rupture et qui ne nécessite pas d'approximation pour le calcul de la probabilité de ruine du système.

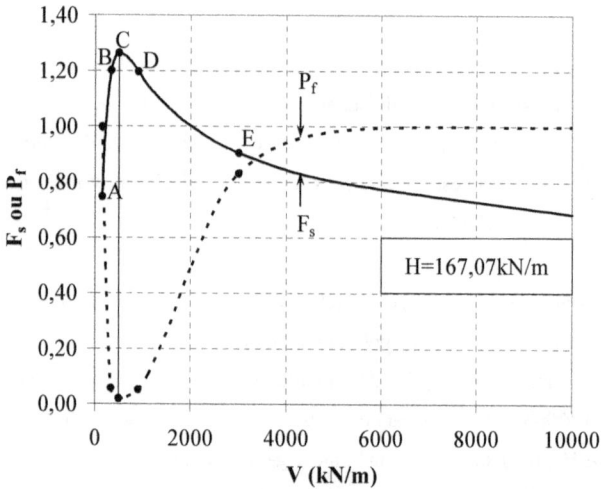

Figure 2.8 : Variation du facteur de sécurité déterministe et de la probabilité de ruine en fonction de la charge verticale V pour le cas du chargement incliné quand H=167,07kN/m

Le tableau (2.2) présente les résultats concernant l'indice de fiabilité β_{HL} et la probabilité de ruine P_f pour le cas traité dans la figure (2.8). Il donne également les points de conception (c^*, φ^*), les facteurs de sécurités partiels $[F_c = \mu_c/c^*,$ $F_\varphi = \tan(\mu_\varphi)/\tan(\varphi^*)]$ et le facteur de sécurité déterministe F_s (défini vis-à-vis des caractéristiques mécaniques du sol).

Tableau 2.2 : Point de conception, facteur de sécurité partiels, facteur de sécurité déterministe, indice de fiabilité et probabilité de ruine pour différentes valeurs de V quand H=167,07 kN/m

V (kN/m)	c* (kPa)	φ^* (°)	F_c	F_φ	F_s	β_{HL}	P_f (%)
150	26,19	37,00	0,76	0,81	0,75	-2,80	99,76
225	20,00	30,00	1,00	1,00	1,00	0,00	50,00
337	15,80	26,23	1,27	1,14	1,20	1,57	5,77
450	14,99	25,20	1,33	1,19	1,26	2,04	2,09
501	14,97	25,08	1,34	1,20	1,26	2,06	1,95
1020	17,75	26,68	1,13	1,12	1,14	1,24	10,37
1575	19,10	28,47	1,05	1,05	1,06	0,56	28,86
2025	20,00	30,00	1,00	1,00	1,00	0,00	50,00
3000	21,23	32,71	0,94	0,92	0,90	-0,96	83,04
5000	22,10	36,08	0,90	0,83	0,80	-2,09	98,19
10000	22,81	40,57	0,88	0,74	0,68	-3,57	99,98

Notons tout d'abord que le signe négatif de β_{HL} pour les petites et grandes valeurs de V traduit le fait que les valeurs de c^* et φ^* des différents points de conception de ces configurations de chargement [et qui sont nécessaires pour atteindre l'état de rupture (i.e. $G=0$)] sont supérieures à leurs moyennes. Ceci implique des valeurs négatives pour les deux variables aléatoires standard correspondantes. Dans ce cas, les points de conception ne sont plus situés dans le premier quadrant mais plutôt dans le troisième quadrant du repère standard des variables aléatoires. La distance minimale est donc affectée du signe négatif dans ce cas pour traduire le fait que le point de conception se situe dans la zone de rupture $G<0$. Par conséquent, ces configurations correspondent à des probabilités de ruine supérieures à 50%. Elles traduisent une rupture par glissement pour les faibles valeurs de V et une rupture par poinçonnement du sol pour les fortes valeurs de V.

Le tableau (2.2) montre que les paramètres F_c, F_φ, F_s et β_{HL} présentent un maximum quand $V=501$ kN/m. Par contre, la probabilité de ruine présente un minimum pour cette même valeur de V. Notons que pour les deux valeurs de V ($V=225$ kN/m et $V=2025$ kN/m) correspondant à $F_s=1$, le point de conception (c^*, φ^*) est confondu avec le point moyen (i.e. $\mu_c=20$ kN/m, $\mu_\varphi=30°$). Ceci est dû au fait que pour ces deux cas, la surface d'état limite dans l'espace standard passe par l'origine du repère. Par conséquent, l'indice de fiabilité β_{HL} est nul et la probabilité de ruine est égal à 50% pour ce cas de variables normales et non corrélées.

Enfin, il est important de noter ici que la convergence du calcul de β_{HL} (qui se manifeste par $F_s=1$ ou $G=0$ à la dernière itération) a nécessité uniquement deux itérations, soit dix calculs déterministes (cf. tableau 2.3). En ce qui concerne le temps de calcul pour le calcul déterministe et fiabiliste de la figure (2.8), chaque point de la courbe F_s prend environ 180mn sur un ordinateur Intel 2,4 GHz, tandis que chaque point de la courbe P_f a besoin 10x180=1800 min. Malgré un temps de calcul relativement coûteux pour le facteur de sécurité déterministe, le faible nombre d'itérations, combinée au fait de considérer en un seul calcul les deux modes de ruine et enfin le fait que notre approche aboutira à un calcul rigoureux (i.e. non approché) de la fiabilité de notre ouvrage, justifie l'avantage de l'utilisation du facteur de sécurité défini vis-à-vis des caractéristiques mécaniques du sol dans la définition de la fonction de performance.

Tableau 2.3 : Convergence du calcul RSM pour différentes configurations de chargement incliné (H=167,07kN/m)

	Itération	c*(kPa)	φ*(°)	β_{HL}	F_s	$G=F_s-1$
Point A (V=150 kN/m)	1	25,96	37,20	-2,80	1,0020	0,0020
	2	26,19	37,00	-2,82	1,0000	0,0000
Point B (V=337 kN/m)	1	16,03	26,33	1,57	1,0059	-0,0041
	2	15,95	26,19	1,56	1,0000	0,0000
Point C (V=501 kN/m)	1	14,93	25,06	2,08	0,9980	-0,0020
	2	14,99	25,08	2,06	1,0000	0,0000
Point D (V=815 kN/m)	1	16,34	25,48	1,76	0,9980	-0,0020
	2	17,02	25,54	1,75	1,0000	0,0000
Point E (V=3000 kN/m)	1	21,11	32,68	-0,94	0,9980	-0,0020
	2	21,23	32,71	-0,96	1,0000	0,0000

Afin de bien illustrer les deux modes de rupture possibles dans le cas d'un chargement incliné, la figure (2.9) montre les champs de vitesses pour différentes valeurs de la charge verticale appliquée V (cf. points A, B, C, D et E sur la figure 2.8) quand H=167,07kN/m.

Point A (V=150 kN/m, F_s=0,81) : Glissement de la fondation

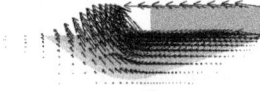

Point B (V=350 kN/m, F_s=1,21) : Glissement de la fondation (F_s est similaire au cas du point D)

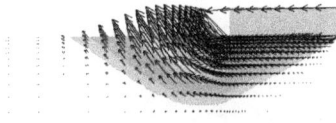

Point C (V=505 kN/m, F_s=1,26) : Aucun mode de rupture n'est prépondérant

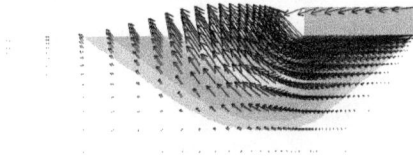

Point D (V=815 kN/m, F_s=1,21) : Poinçonnement du sol (F_s est similaire au cas du point B)

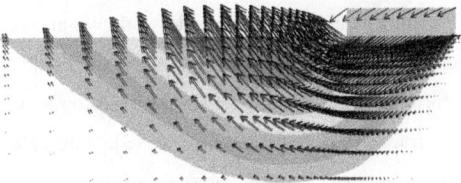

Point E (V=3000 kN/m, F_s=0,90) : Poinçonnement du sol

Figure 2.9 : Champs de vitesses pour le cas où H=167,07 kN/m

On remarque que lorsque V augmente, le volume du sol en mouvement augmente. Pour une faible valeur de la charge appliquée V=150 kN/m (Point A de la figure 2.9), i.e. pour une grande inclinaison de la charge, le glissement de la fondation par rapport au sol sous-jacent est prépondérant ; le mode de poinçonnement du sol étant très peu influant dans ce cas. Les champs de vitesses correspondants aux points B et D de la figure (2.9) correspondent à la même valeur du facteur de sécurité (F_s=1,20) mais à des modes de rupture prépondérants qui sont différents. Ces figures confirment les interprétations déjà établies à partir de la figure (2.8). Pour le point C, le champ de vitesses montre la présence simultanée des deux mécanismes : le glissement de la fondation et le poinçonnement du sol. Il n'existe dans ce cas aucune prédominance de l'un ou de l'autre mode de rupture. Ceci correspond à une valeur maximale du facteur de sécurité (F_s=1,26) et par conséquent à une probabilité de ruine minimale (P_f= 1,95%). Enfin, le point E présente une légère contribution du mode de glissement et une prédominance du poinçonnement du sol avec un volume de sol en mouvement qui est assez important.

I.3   Analyse de sensibilité

En variant la valeur cible δ de F_s, on peut déterminer sa fonction de répartition $CDF(F_s)$ pour une variabilité donnée des variables aléatoires comme suit :

$$CDF(F_s) = P[F_s \le \delta] = P_f \qquad\qquad (2.6)$$

où F_s est le facteur de sécurité calculé par $FLAC^{3D}$; P_f étant la probabilité de ruine correspondante, calculée par l'approximation $FORM$ en utilisant l'indice de fiabilité pour $G=F_s-\delta$. Notons que F_s=1,26 pour les valeurs moyennes des variables aléatoires. Les figures (2.10a et b) montrent l'effet de la non-normalité des lois de distribution des variables aléatoires et de la corrélation négative entre variables aléatoires, sur le CDF du facteur de sécurité (tracé respectivement en échelle normale et logarithmique) quand c et φ sont considérées comme variables aléatoires avec les données statistiques présentés dans le tableau (2.1) et ce, pour V=501kN/m et H=167,07kN/m. Le CDF tracé en échelle normale montre que l'effet de la corrélation négative entre variables rend la distribution de F_s moins étendue par rapport au cas des variables non corrélées, et que la non-normalité des lois de distribution des variables n'a que très peu d'incidence sur ce *CDF*. Cette dernière constatation concernant la non-normalité est aussi valable dans la zone de queue la distribution de F_s (i.e. queue du *CDF* tracé en échelle logarithmique). En conclusion, l'hypothèse de variables non corrélées est conservative par rapport à celle de variables corrélées et la non-normalité des variables aléatoires n'affecte pas de manière significative la distribution de la sortie.

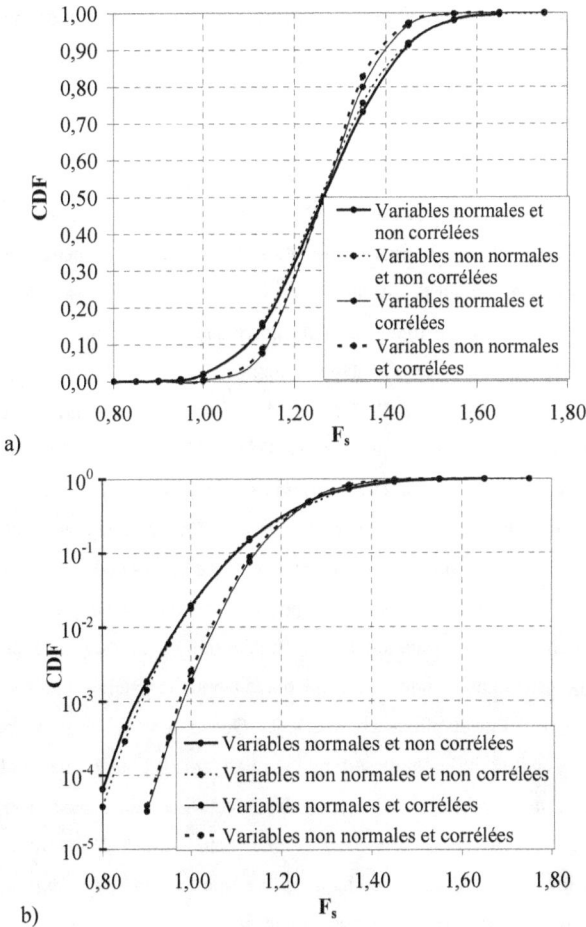

a)

b)

Figure 2.10 : Effet de la loi de distribution et de la corrélation entre variables aléatoires sur la fonction de répartition de F_s

Les figure (2.11a et b) montrent l'effet des coefficients de variation de (c, φ) sur le CDF du facteur de sécurité (tracé respectivement en échelle normale et logarithmique) dans le cas des variables non normales et non corrélées et ce, pour V=501kN/m et H=167,07kN/m. Trois cas ont été étudiés : i) COV_c=20% et COV_φ=10%, ii) COV_c=40% et COV_φ=10% et iii) COV_c=20% et COV_φ=15%. Le CDF tracé en échelle normale montre qu'une faible augmentation de COV_φ rend la distribution de F_s plus étendue par rapport au cas correspondant à une grande augmentation de COV_c. Cette constatation est la même en observant la queue du CDF tracée en échelle logarithmique. En conclusion, la détermination précise des incertitudes liées à l'angle de frottement interne φ est très importante pour obtenir de résultats fiables.

Afin de tester l'effet de l'inclinaison de la charge sur la variabilité de la réponse, la figure (2.12) présente le CDF de la composante verticale de la charge ultime (capacité portante) pour différentes inclinaisons de cette charge. Les paramètres du cisaillement de sol sont considérés comme variables normales et non corrélées. A partir de cette figure, on peut noter que quelque soit la valeur de α, la probabilité de ruine augmente avec l'augmentation de V_u. Ceci est dûe à l'augmentation simultanée de l'effet des deux modes de rupture (α=constante). Notons que la courbe correspondant à α=18,43° est celle pour laquelle il n'y a pas de prédominance de mode de rupture. Néanmoins, le glissement de la fondation est prédominant pour la courbe correspondant à α=25,52° et le poinçonnement du sol est prédominant pour la courbe correspondant à α=11,58° et α=0°. Figure (2.12) montre aussi que la variabilité de la capacité portante diminue avec l'augmentation de l'inclinaison de charge puisque le CDF de V_u déterminé pour les grandes inclinaisons de la charge est moins étendu que celui obtenu pour les petites inclinaisons de la charge. Ceci peut être expliqué comme suit : Quand α=0° (i.e. cas du chargement centré), la variabilité de la charge ultime est relativement grande puisqu'elle dépend totalement du mode de rupture par poinçonnement. Toutefois, avec la présence de l'effet du glissement de la fondation (α>0°), cette variabilité va diminuer avec l'augmentation de l'inclinaison de charge, parce que le mode de rupture dans ce cas est causé non seulement par le poinçonnement du sol, mais aussi par le glissement de la fondation. Plus l'effet de glissement de la fondation est grand par rapport à celui de poinçonnement du sol, plus la variabilité de la charge ultime devient moins importante. Ceci peut s'expliquer par la plus grande sensibilité du poinçonnement aux aléas du sol; le glissement de la fondation étant moins sensibles aux aléas liés à ces paramètres.

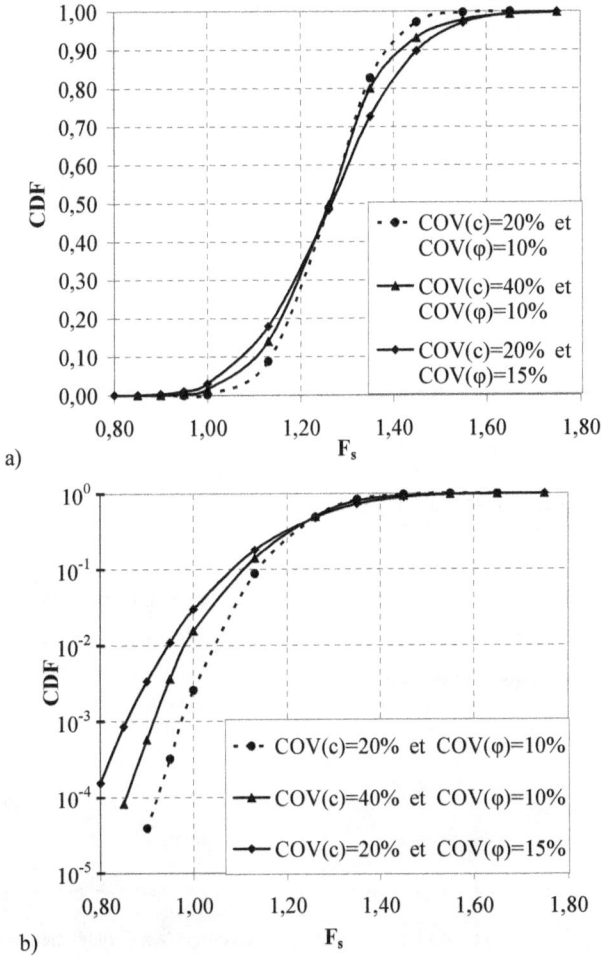

Figure 2.11 : Effet des COV de c et φ sur la fonction de répartition de F_s

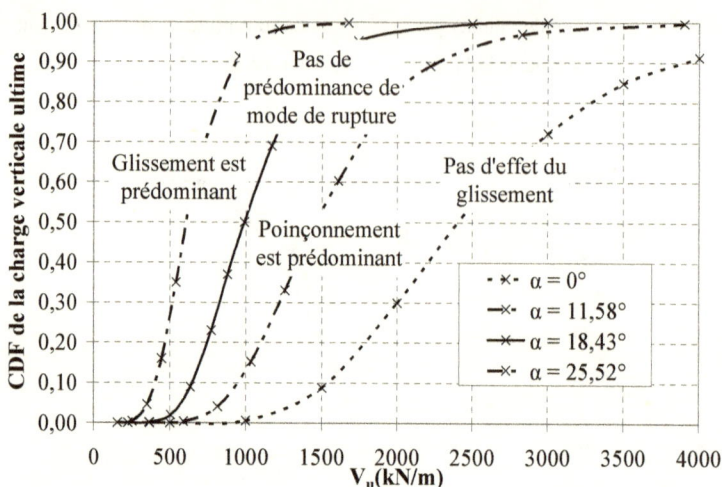

Figure 2.12 : Probabilité de ruine à l'ELU due aux aléas de sol en fonction de la composante verticale de la charge ultime V_u pour différentes valeurs prescrites de l'inclinaison de la charge

II   Analyse fiabiliste à l'ELS

Pour l'*ELS*, deux fonctions de performances ont été utilisées. Elles sont définies par rapport aux valeurs limites des déplacements vertical et horizontal du centre de la fondation comme suit :

$$G_2 = v - v_{max} \qquad\qquad (2.7)$$

$$G_3 = u - u_{max} \qquad\qquad (2.8)$$

où v_{max} et u_{max} sont respectivement les déplacements vertical et horizontal admissibles de la fondation et v et u sont respectivement les déplacements vertical et horizontal de la fondation dus aux charges appliquées (*V*, *H*).

Pour l'analyse à l'*ELS*, les probabilités de défaillance vis-à-vis d'un déplacement vertical maximal prescrit v_{max}, d'un déplacement horizontal maximal prescrit u_{max}, suivi par leur système de probabilité sont déterminés et présentées dans la figure (2.13). Plusieurs cas de la composante verticale V de la charge appliquée sont étudiés et ce, pour H=167,07kN/m. Les valeurs autorisées pour les déplacements vertical et horizontal sont respectivement v_{max}=5cm et u_{max}=1cm. Les variables aléatoires utilisées sont les propriétés élastiques du sol (i.e. le module d'Young E et le coefficient de Poisson v). Leurs données statistiques sont présentées dans le tableau (2.4) et le cas des variables non corrélées est considéré.

Tableau (2.4) : Données statistiques des variables aléatoires d'entrées

Variables	Moyenne	COV	Type de distribution
E	60MPa	15%	Log-Normale
v	0,3	5%	Log-Normale

A partir de la figure (2.13), on observe que la probabilité de défaillance calculée vis-à-vis du déplacement vertical limite v_{max}, augmente avec l'augmentation de V. Ceci est dû au fait que le déplacement vertical de la fondation augmente avec l'augmentation de V.' Cependant, la probabilité de défaillance vis-à-vis du déplacement horizontal limite u_{max} présente un minimum correspondant à V=501kN/m. Ceci peut être expliqué comme suit : Pour les petites valeurs de V, le mouvement horizontal de la fondation (dû à la charge appliquée) est prédominant par rapport à celui vertical (du fait de la prédominance du mode de glissement); ceci conduit à une grande probabilité de défaillance. Quand V augmente, le déplacement horizontal de la fondation diminue jusqu'à V=501kN/m dû à une plus grande résistance au cisaillement au niveau de l'interface sol-fondation. Au-delà de cette valeur de V, le mouvement horizontal (et aussi vertical) de la fondation augmente (du fait de la prédominance du mode de poinçonnement) et ceci aboutit à une augmentation de la probabilité de défaillance.

Pour le système de probabilité de défaillance vis-à-vis des deux déplacements limites horizontal et vertical, une valeur minimum de probabilité de défaillance est obtenue à V=501kN/m, i.e. au point où il n'y a pas de prédominance de mode de rupture à l'*ELU*. En conclusion, la configuration optimale de la charge obtenue à l'*ELU* est la même que celle obtenue à l'*ELS*. Ceci est logique puisque la configuration de charge donnant la probabilité de ruine minimale à l'*ELU* doit conduire au moindre mouvement possible de la fondation. Enfin, il peut être observé à partir de la figure (2.13) que la probabilité de défaillance du système est plus grande ou égale à la plus grande probabilité de défaillance de ses composantes.

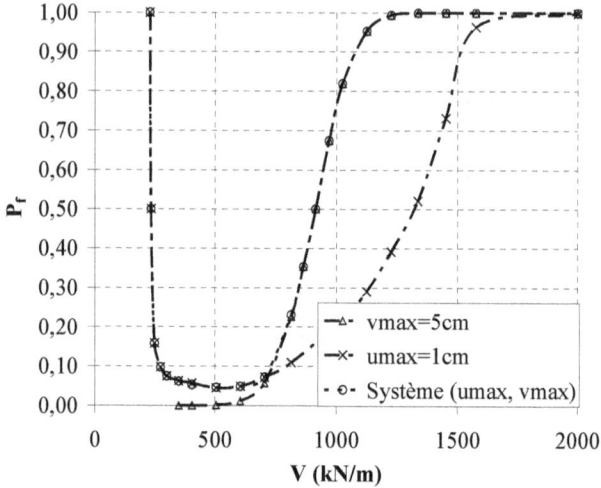

Figure 2.13 : La probabilité de défaillance du système et de ses composantes à l'ELS due aux aléas des propriétés élastiques du sol

Conclusion

Dans ce chapitre, deux analyses fiabilistes à l'*ELU* et à l'*ELS* d'une fondation superficielle filante reposant sur un sol (*c*, *φ*) et soumise à un chargement incliné (*V*, *H*) ont été effectuées. Les modèles déterministes employés sont basés sur des simulations numériques utilisant le logiciel *FLAC³ᴰ*. L'étude fiabiliste à l'*ELU* prend en compte deux modes de rupture (poinçonnement du sol et glissement de la fondation), tandis que celle à l'*ELS* considère deux modes liés au dépassement de déplacements limites vertical et horizontal de la fondation. Les variables aléatoires considérées dans l'analyse sont les paramètres de cisaillement du sol *c* et *φ* à l'*ELU* et les paramètres élastiques du sol *E* et *v* à l'*ELS*. La méthode de surface de réponse *RSM* est employée pour approximer la réponse du système. L'indice de fiabilité de Hasofer-Lind est utilisé pour déterminer la fiabilité de la fondation. Les résultats les plus marquants de ce chapitre peuvent être résumés comme suit :

- L'utilisation du facteur de sécurité F_s défini vis-à-vis des paramètres du cisaillement du sol permet de déterminer les zones de prédominance (glissement de la fondation ou poinçonnement du sol). De plus, l'analyse fiabiliste utilisant ce type de facteur de sécurité aboutit à des solutions rigoureuses puisque d'une part elle considère l'effet simultané des deux modes de rupture ainsi que leur interaction et d'autre part elle évite le calcul approché de l'indice de fiabilité du système;

- A l'*ELU*, les résultats numériques déterministe et probabiliste ont montré qu'il y a une inclinaison de charge optimale dans le diagramme d'interaction (V, H) qui divise ce diagramme en deux zones où un seul mode de rupture (poinçonnement du sol ou glissement de la fondation) est prédominant. Cette inclinaison correspond aux configurations de charge pour lesquelles (i) il n'y a aucune prédominance des deux modes de rupture, (ii) le facteur de sécurité est maximal et la probabilité de ruine est minimale par rapport à toutes les configurations de charge ayant la même valeur de la composante horizontale H de la charge appliquée. Dans le diagramme d'interaction, ces configurations de charge optimales se situent sur la droite reliant l'origine et le point maximum de ce diagramme ;

- A l'*ELS*, l'analyse fiabiliste (basée sur le système de probabilité vis-à-vis des déplacements vertical et horizontal tolérés de la fondation) a montré que la probabilité de défaillance du système est plus grande ou égale à la plus grande des probabilités de défaillance des deux composantes. Il a aussi été montré que le système de probabilité de défaillance présente un minimum. L'inclinaison de charge optimale conduisant à la probabilité de défaillance minimale à l'*ELS* correspond exactement à la probabilité de ruine obtenue à l'*ELU*. Ceci correspond au mouvement minimum du centre de la fondation. L'étude de ce problème n'était pas possible avec une approche déterministe et ceci montre le mérite de l'utilisation de l'approche fiabiliste ;

- Une analyse de sensibilité a été effectuée en utilisant une approche fiabiliste. Il a été montré que (i) la corrélation entre les paramètres de cisaillement du sol augmente la fiabilité du système sol-fondation ; cependant, la non-normalité de la loi de distribution de probabilité de ces variables n'a pas d'effet significatif, et (ii) la fiabilité du système sol-fondation est plus sensible à l'angle de frottement φ qu'à la cohésion c. En ce qui concerne l'effet de l'inclinaison de charge α sur la composante verticale de la charge ultime V_u, la variabilité de cette dernière est liée au poinçonnement du sol

et devient très importante quand on est dans le cas d'un chargement centré (i.e. $\alpha=0°$). Plus l'inclinaison de charge augmente, plus cette variabilité devient moins importante;
- Même si l'étude se focalise dans ce chapitre sur le cas du chargement incliné, la même procédure d'analyse a été appliquée au cas d'un chargement excentré. Les résultats correspondants montrent (voir l'annexe C) qu'il y a une excentricité optimale (i.e. un rapport optimal M/V pour un sol de caractéristiques données) dans le diagramme d'interaction (V, M), correspondant aux configurations de charge pour lesquelles (i) il n'y a aucune prédominance des deux modes de rupture (poinçonnement du sol et basculement de la fondation), (ii) le facteur de sécurité F_s (défini vis-à-vis des caractéristiques de cisaillement du sol) est maximal et la probabilité de ruine est minimale par rapport aux autres configurations ayant la même valeur du moment ;

Enfin, on doit noter ici que la méthode RSM présente des inconvénients : (i) le nombre d'itérations augmente de manière significative avec l'augmentation du nombre de variables aléatoires d'entrées, ce qui entraîne un temps de calcul conséquent en cas d'un grand nombre de variables aléatoires, (ii) le calcul de la probabilité de ruine se fait par l'approximation $FORM$ qui conduit à un résultat approché si la surface d'état limite n'est pas linéaire au niveau du point de conception, (iii) la méthode RSM nécessite de refaire tous les calculs itératifs pour chaque configuration de chargement appliqué à la fondation, (iv) la surface d'état limite n'est bien approximée qu'au niveau du point de conception, ce qui empêche d'utiliser la méthode de Monte Carlo sur la surface d'état limite obtenue. Ainsi, une autre approche fiabiliste plus efficace sera nécessaire. C'est la méthode de la surface de réponse stochastique 'Stochastic Response Surface Method' $SRSM$ qui sera présentée dans le chapitre suivant.

Chapitre 3

Application de la 'SRSM' au calcul probabiliste des fondations superficielles utilisant des modèles d'analyse limite

I   Introduction

Dans ce chapitre, on se propose d'appliquer la méthode *SRSM* dans les analyses probabilistes à l'*ELU* des fondations superficielles filantes. Deux cas d'étude seront abordés : les fondations superficielles filantes reposant sur un massif de sol (Soubra et Mao 2011) et les fondations reposant sur un massif rocheux de type Hoek-Brown (Mao et al. 2011a, 2011b). Deux modèles déterministes d'analyse limite proposés par Soubra (1999) seront utilisés.

Pour les fondations reposant sur un massif de sol, seul le cas du chargement incliné est considéré ici; le cas du chargement vertical ayant été largement traité dans la littérature (Griffiths et Fenton 2001; Fenton et Griffiths 2002, 2003, 2005; Griffiths et al. 2002; Przewlocki 2005; Popescu et al. 2005; Youssef Abdel Massih et Soubra 2008). Les caractéristiques mécaniques du sol et les composantes horizontale et verticale du chargement appliqué à la fondation sont modélisées par des variables aléatoires.

Concernant les analyses des fondations superficielles filantes reposant sur un massif rocheux de type Hoek-Brown, elles sont principalement basées sur des approches déterministes (Maghous et al. 1998, Yang et Yin 2005, Saada et al. 2008). Il n'existe aucune étude probabiliste sur ce sujet. Dans ce chapitre, on se propose de présenter une analyse probabiliste à l'*ELU* des fondations superficielles filantes reposant sur un massif rocheux de type Hoek-Brown et soumises à un chargement centré (i.e. vertical ou incliné). Les paramètres du critère de rupture de Hoek-Brown sont modélisés comme des variables aléatoires.

65

Après un bref rappel des modèles déterministes d'analyse limite, la modélisation probabiliste et les résultats numériques correspondants à chaque cas d'étude seront successivement présentés et commentés. Notons que l'annexe D présente une synthèse bibliographique de différentes catégories de méthodes de stabilité existant dans la littérature y compris les méthodes statiques et cinématiques de l'analyse limite.

II   Rappel des mécanismes de rupture d'analyse limite

Dans cette partie, on se propose de présenter brièvement les deux modèles déterministes, noté M1 et M2, utilisés par Soubra (1999) pour le calcul de la charge ultime d'une fondation superficielle filante reposant sur un massif de sol. Dans ces modèles, la méthode de la borne supérieure appelée aussi méthode cinématique en analyse limite est appliquée en utilisant des champs de vitesses cinématiquement admissibles. Cette approche est simple et permet d'obtenir des solutions de type borne supérieure. Bien que les résultats donnés par cette approche soient des majorants, ils correspondent aux plus petites bornes supérieures parmi les solutions existantes. Ceci a été démontré par Soubra (1999). Pour certaines configurations (cas des sols non pesants), ces résultats correspondent aux solutions exactes, puisqu'ils sont égaux à ceux donnés par la méthode de la borne inférieure.

Le mécanisme M1 est un mécanisme de rupture symétrique de type multibloc (Figure 3.1a). Il a été utilisé pour calculer la capacité portante d'une fondation superficielle filante soumise à une charge verticale centrée. Le mécanisme est composé de $2k+1$ blocs triangulaires rigides (un bloc central symétrique ABC solidaire de la fondation et $2k$ blocs rigides symétriques situés de part et d'autre de la fondation). Il est complètement décrit par $2k$ paramètres angulaires qui sont α_i (i=1, ..., k-1), β_i (i=1, ..., k) et θ. Le bloc ABC se déplace avec une vitesse v_0 verticale (Figure 3.1b). Le bloc courant i (i=1, ..., k) se déplace avec la vitesse v_i inclinée d'un angle φ par rapport à la ligne d_i. La vitesse inter-bloc $v_{i,i+1}$, inclinée d'un angle φ par rapport à la ligne l_{i+1}, représente la vitesse relative de deux blocs successifs i et i+1. Les hodographes de vitesses sont présentés dans la figure (3.1c). Il est important de noter ici que le respect de l'inclinaison φ entre les différentes vitesses et les surfaces de discontinuité correspondantes est nécessaire pour respecter la condition de normalité imposée par la théorie de l'analyse limite.

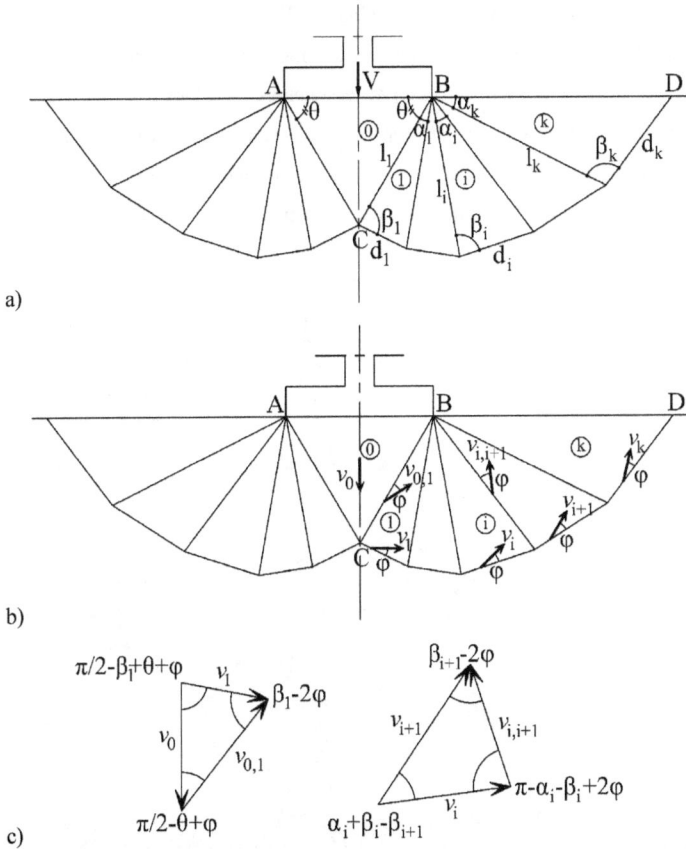

a)

b)

c)

Figure 3.1: a) Mécanismes de rupture M1 b) Champ de vitesses pour le mécanisme M1 c) Hodographes des vitesses pour le mécanisme M1

D'autre part, le mécanisme M2 est un mécanisme de rupture multibloc asymétrique (Figure 3.2a). Il a été utilisé à l'origine par Soubra (1999) pour le calcul de la capacité portante sismique d'une fondation superficielle filante par une approche pseudo-statique. Ce mécanisme est bien adapté au cas d'un chargement incliné (Soubra et Youssef Abdel Massih 2010) et sera donc utilisé ici pour le cas d'une charge inclinée en l'absence de tout effort sismique. Le mécanisme M2 est composé

67

de k blocs triangulaires rigides et peut être complètement décrit par $2k$-1 paramètres angulaires qui sont α_i ($i=1, \ldots, k$-1) et β_i ($i=1, \ldots, k$). Le premier bloc triangulaire rigide ABC de ce mécanisme est supposé se déplacer avec une vitesse v_1 inclinée de l'angle φ par rapport à la ligne AC (Figure 3.2b). La fondation est supposée solidaire de ce bloc et se déplace avec la même vitesse. Comme pour le premier bloc, les autres vitesses v_i des blocs i ($i=2, \ldots, k$) et les vitesses inter-bloc $v_{i,i+1}$ ($i=1, \ldots, k$-1) sont supposées inclinées de φ par rapport aux surfaces de discontinuité de vitesses correspondantes pour respecter la règle de normalité imposée par la théorie de l'analyse limite. L'hodographe de vitesses est présenté dans la figure (3.2c).

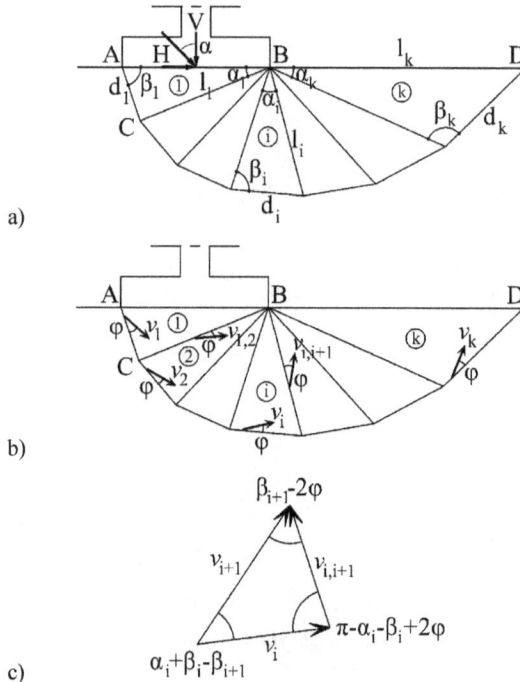

Figure 3.2: a) Mécanismes de rupture M2 b) Champ de vitesses pour le mécanisme M2 c) Hodographe des vitesses pour le mécanisme M2

Pour les deux mécanismes M1 et M2, la borne supérieure de la capacité portante ultime de la fondation est obtenue grâce à l'équation du bilan énergétique (i.e. en égalant la puissance des efforts extérieurs $\dot{W}$ à la puissance dissipée $\dot{D}$). Les efforts extérieurs concernent la charge de fondation, le poids des différents blocs de sol en mouvement et la surcharge éventuelle q appliquée en surface. Cette surcharge est supposée absente dans l'étude présente. Quant à la puissance dissipée, elle a lieu le long des surfaces de discontinuité de vitesses (i.e. le long des lignes de base d_i et des lignes radiales l_i du mécanisme de ruine). Après simplifications, l'équation du bilan énergétique s'écrit comme suit :

$$q_u = 0{,}5\gamma B_0 N_\gamma + c N_c \tag{3.1}$$

où les coefficients de capacité portante N_γ et N_c sont des paramètres adimensionnels fonctions des paramètres géométriques du mécanisme. Les expressions de N_γ et N_c sont données dans les annexes E et F pour les deux mécanismes de rupture M1 (chargement vertical) et M2 (chargement incliné). Pour chaque mécanisme de rupture, la capacité portante ultime est obtenue par une procédure de minimisation par rapport aux paramètres angulaires du mécanisme de rupture correspondant.

Nous considérons dans cette section le cas d'une fondation superficielle filante de largeur B=2m reposant sur un sol ayant un poids volumique de 18kN/m^3.

III Analyse probabiliste d'une fondation superficielle filante posée sur un massif de sol (c, φ) et soumise à un chargement incliné

Dans cette partie, on se propose d'utiliser la méthode *SRSM* présentée dans le chapitre 1 pour la modélisation probabiliste à l'état limite ultime (*ELU*) d'une fondation superficielle filante reposant sur un sol frottant et cohérent, et soumise à un chargement incliné ; le cas du chargement vertical ayant été largement traité dans la littérature (Griffiths et Fenton 2001; Fenton et Griffiths 2002, 2003, 2005; Griffiths et al. 2002; Przewlocki 2005; Popescu et al. (2005); Youssef Abdel Massih et Soubra 2008). Le mécanisme M2 est donc utilisé dans cette section.

Dans cette analyse probabiliste, quatre paramètres sont modélisés comme des variables aléatoires. Ce sont les paramètres de cisaillement du sol (c, φ) et les

69

composantes horizontale H et verticale V de la charge appliquée à la fondation. Les valeurs illustratives de leurs données statistiques sont présentées dans le tableau (3.1). Cependant, d'autres valeurs de ces paramètres ont été considérées dans le cadre de l'étude paramétrique.

Tableau (3.1) : Données statistiques des variables aléatoires d'entrées

Variables	Moyenne	COV	Coefficient de corrélation	Limites des variables non normales	Type de distribution Cas 'Variables normales'	Type de distribution Cas 'Variables Non normales'
c [kPa]	20	20%		$]0, +\infty[$	Normale	Log-normale
φ [°]	30	10%	$-0,5 \leq$ $\rho_{c\varphi}$ $\leq +0,5$	$]0, 45[$	Normale	Beta
V [kN/m]	250* 1000**	10%		$]0, +\infty[$	Normale	Log-normale
H [kN/m]	100***	30%		$]0, +\infty[$	Normale	Log-normale

* : pour le point K dans la figure (3.3)
** : pour le point L dans la figure (3.3)
*** : pour les points K et L dans la figure (3.3)

Une grande valeur du coefficient de variation de 30% est proposée pour la composante horizontale H de la charge pour représenter les grandes incertitudes dues au vent, au séisme, la houle qui sont de nature très aléatoire. Cette valeur est à comparer à celle de 10% affectée au coefficient de variation de la composante verticale V de la charge. Ceci est dû au fait que V représente le poids de la structure pour lequel la variabilité est petite. Concernant la distribution de probabilité des variables aléatoires, deux cas sont étudiés. Pour le premier cas, appelé dans la suite "variables normales", (c, φ, V et H) sont considérés comme des variables normales. Pour le second cas, désigné dans la suite par "variables non-normales", (c, V et H) sont supposés suivre une loi Log-normale et φ est considéré borné et une loi de distribution Bêta est utilisée pour le représenter (Fenton et Griffiths 2003). Pour ces deux cas de variables normales ou non normales, on considère les cas des variables corrélées ($\rho_{c\varphi}=-0,5$) et non corrélées ($\rho_{c\varphi}=0$) où $\rho_{c\varphi}$ représente le coefficient de corrélation entre c et φ.

Pour traiter le problème de l'analyse probabiliste à l'*ELU* d'une fondation superficielle filante soumise à un chargement incliné où deux modes de rupture (i.e.

poinçonnement du sol et glissement de la fondation) sont susceptibles d'avoir lieu, le facteur de sécurité F_s (défini comme étant le rapport entre la résistance au cisaillement maximale et celle mobilisée) est utilisé dans cette étude pour représenter la réponse de notre modèle mécanique. Cette réponse permet de prendre en compte l'effet simultané des deux modes de rupture dans un seul calcul et donne une marge de sécurité unique (et non pas deux, l'une vis-à-vis du poinçonnement $F_p=V_u/V$ et l'autre vis-à-vis du glissement $F_s=H_u/H$). Elle est donc particulièrement intéressante dans des études probabilistes faisant intervenir la probabilité d'un système incluant plusieurs modes de rupture et donc faisant appel à des méthodes approchées pour le calcul de la probabilité de ruine du système. Il est à noter ici que le mécanisme M2 aboutit à un mécanisme de rupture bien profond pour les inclinaisons faibles du chargement simulant ainsi le poinçonnement du sol. Par contre, pour les fortes inclinaisons du chargement, on aboutit à un mécanisme de rupture très peu profond, voire de taille négligeable simulant ainsi le glissement de la fondation. Enfin, pour les inclinaisons moyennes, le mécanisme de rupture critique est de taille moyenne puisqu'il prend en compte l'effet simultané du glissement et du poinçonnement qui sont tous les deux présents dans ce type de configuration du chargement.

Pour le calcul du facteur de sécurité F_s pour un chargement (V, H) appliqué à la fondation, les paramètres (c, φ) du sol sont remplacés par :

$$c_d = \frac{c}{F_s} \qquad\qquad (3.2)$$

$$\varphi_d = a\,tan\left(\frac{tan\,\varphi}{F_s}\right) \qquad\qquad (3.3)$$

La détermination de F_s critique se fait par minimisation par rapport aux paramètres angulaires du mécanisme de rupture. La valeur de F_s obtenue à la fin de cette minimisation est le facteur de sécurité de la fondation soumise à un chargement (V, H) donné. Rappelons ici que le modèle déterministe utilisé est basé sur le mécanisme M2 présenté dans la partie précédente. Dans ce modèle, le nombre des blocs rigides employé est égal à 10 puisque le passage de 10 à 11 blocs diminue (*i.e.* améliore) la solution de moins de 1%.

Afin de visualiser les configurations de chargement utilisées dans l'étude probabiliste, nous présentons dans la figure (3.3) le diagramme d'interaction (V, H) pour les valeurs moyennes des paramètres de cisaillement du sol c et φ. La valeur de V_u pour une inclinaison donnée du chargement est déterminée par minimisation par rapport aux paramètres géométriques du mécanisme M2; la valeur correspondante de la composante horizontale H_u est donnée par V_u*tanα. Le point maximum de ce diagramme d'interaction est (V=872kN/m, H=277kN/m).

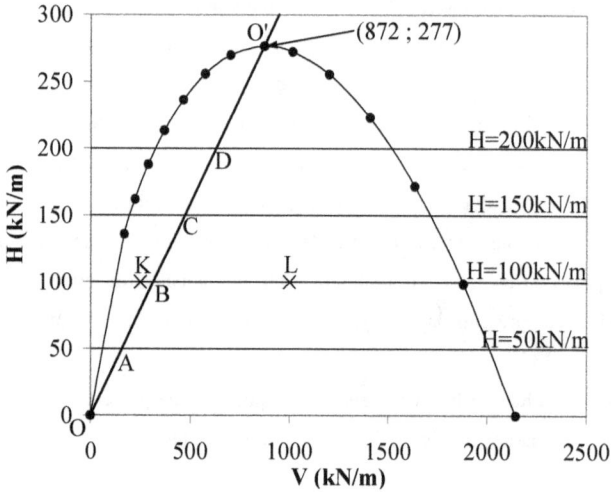

Figure 3.3 : Diagramme d'interaction (V, H) pour le cas d'un chargement incliné

Pour la présentation des résultats probabilistes, nous allons d'abord présenter l'implémentation de la méthode *SRSM* utilisée dans ce chapitre puis déterminer l'ordre optimal du *PCE* utilisé pour approximer la réponse du système. Ensuite, nous nous proposons de déterminer les zones de prédominance du glissement de la fondation et du poinçonnement du sol dans le diagramme d'interaction et ce, pour différents cas d'incertitude du sol et/ou de la charge appliquée à la fondation. Une analyse probabiliste pour quelques configurations pratiques du chargement est ensuite présentée et discutée. Enfin, une étude paramétrique est effectuée pour examiner l'effet des paramètres statistiques (coefficient de variation, coefficient de corrélation et type de distribution de probabilité) des variables aléatoires sur le *PDF* de la réponse.

III.1 Implémentation de la SRSM

Concernant l'implémentation de la méthode *SRSM*, un code de calcul a été dévelopé dans le logiciel commercial Matlab 7.6. Pour chaque variable aléatoire d'entrée, le code détermine les racines du polynôme d'Hermite unidimensionnel de degré $p+1$. Puis, il fournit les points de collocation dans l'espace standard des variables normales non corrélées. Dans une deuxième étape, le programme utilise la transformation isoprobabiliste et la transformation de Cholesky de la matrice de covariance des variables aléatoires, pour transformer les points de collocation de l'espace standard des variables normales non corrélées à l'espace physique des variables aléatoires afin de calculer la/les réponse(s) du système correspondant aux différents points de collocation en utilisant le modèle déterministe. Finalement, le code permet de calculer les coefficients a_β du *PCE* en utilisant l'approche de régression. Le *PDF* ainsi que les moments statistiques de la réponse peuvent être obtenus en simulant un grand nombre des variables standard normales non corrélées sur le méta-modèle. Les indices de Sobol pour les différentes variables aléatoires ou combinaisons des variables aléatoires peuvent aussi être déterminés en utilisant les coefficients du *PCE*. Par ailleurs, le programme permet également d'effectuer une analyse fiabiliste sur le méta-modèle. Ceci peut être facilement effectué puisque le *PCE* obtenu est donné dans l'espace des variables standard normales non corrélées. Ainsi, on peut déterminer l'indice de fiabilité et le point de conception correspondant pour les différents cas d'étude.

III.2 Ordre optimal du PCE, nombre optimal des points de collocation et indices de Sobol

Il est évident que l'approximation de la réponse par un *PCE* (pour la détermination du *PDF* de cette réponse, et donc les moments statistiques de cette réponse) s'améliore avec l'augmentation de l'ordre de ce *PCE*. Cette amélioration diminue avec l'augmentation de l'ordre et, devient négligeable à partir d'un ordre donné appelé 'ordre optimal'. On parle alors de convergence de l'ordre du *PCE*. L'ordre optimal du *PCE* est déterminé ici comme étant l'ordre minimal qui conduit à un coefficient de détermination R^2 plus grand qu'une valeur prescrite (disons 0,999).

Deux configurations de charge (cf. les points K et L dans le diagramme d'interaction de la figure 3.3) ont été considérées dans ces calculs. Les résultats numériques ont montré que pour ces deux cas, l'ordre 4 est nécessaire pour remplir la condition prescrite sur le coefficient de détermination. Ainsi, cet ordre du *PCE* va être employé dans les calculs probabilistes ultérieurs dans cette partie. Rappelons ici que les *PCE*s sont construits en utilisant l'approche de régression basée sur le concept de l'inversibilité de la matrice proposé par Sudret (2008). Selon cette méthodologie, le nombre des points de collocation requis pour l'ordre 4 du *PCE* avec quatre variables aléatoires est égal à 107 points, ce qui correspond à une réduction de 82,9% par rapport au nombre total des points de collocation disponibles (i.e. 625 points).

Le tableau (3.2) présente les indices de Sobol des différentes variables aléatoires obtenus en utilisant les coefficients du *PCE* optimal (i.e. *PCE* d'ordre 4). Pour point K (V=250kN/m, H=100kN/m), on peut voir que l'indice de Sobol de la composante horizontale H du chargement est significatif (il constitue plus de 2/3 de la variance de la réponse du système) tandis que celui de la composante verticale V de la charge est négligeable. Ceci peut être expliqué par la grande variabilité de H et par la prédominance du glissement de la fondation par rapport au poinçonnement du sol pour la configuration du chargement représentée par le point K qui se trouve proche de la branche gauche du diagramme d'interaction (cf. Figure 2). Notons finalement que les deux autres paramètres c et φ ont des valeurs modérées pour leurs indices de Sobol (10,95% et 12,65% respectivement) et ainsi ils contribuent modérément à la variance de la réponse du système. D'autre part, pour le point L (V=250kN/m, H=100kN/m), l'angle de frottement φ a le plus grand indice de Sobol (il constitue plus de 2/3 de la variance de la réponse du système). L'indice de Sobol de la cohésion c est plus petit mais pas négligeable (environ 17%), tandis que ceux de V et H sont trois fois plus petits que celui de c. Ce résultat peut s'expliquer par le fait que le point L est loin de la zone de prédominance du glissement de la fondation et il est situé dans une zone où le poinçonnement du sol est prédominant. Dans ce cas, les paramètres qui contribuent le plus à la variance de la réponse sont l'angle de frottement et à moindre effet la cohésion. A partir de cette étude, on peut conclure que la variabilité de V peut être négligée (i.e. V peut être considéré comme un paramètre déterministe) et H est la variable qui contribue la plus à la variabilité de la réponse dans la zone de prédominance du glissement de la fondation. Cependant, dans la zone de prédominance du poinçonnement du sol, les paramètres de cisaillement du sol φ et c sont ceux qui contribuent les plus à la variance de la réponse.

Le tableau (3.2) montre aussi les coefficients de corrélation entre les variables aléatoires d'entrées et la réponse du système et ce, pour les deux configurations de chargement représentées par les points K et L. On peut observer que une corrélation élevée existe entre une variable aléatoire et la réponse du système quand l'indice de Sobol de cette variable est significatif.

Tableau 3.2 : Indices de Sobol pour l'ordre 4 du PCE

Variables aléatoires	Indices de Sobol		Coefficient de corrélation avec F_s	
	zone de prédominance du glissement de la fondation (point K)	zone de prédominance du poinçonnement du sol (point L)	zone de prédominance du glissement de la fondation (point K)	zone de prédominance du poinçonnement du sol (point L)
c	0,1095	0,1782	0,3905	0,4229
φ	0,1265	0,7016	0,4185	0,8375
V	0,0008	0,0550	0,0404	-0,2338
H	0,7446	0,0621	-0,7995	-0,2446
	Somme ≈ 1,00	Somme ≈ 1,00		

III.3   Zone de prédominance du poinçonnement et du glissement

La figure (3.4) présente le facteur de sécurité en fonction de la composante verticale V de la charge pour quatre valeurs de la composante horizontale H montrées dans la figure (3.3). Comme il a été mentionné auparavant, ce facteur de sécurité est défini vis-à-vis des paramètres de cisaillement du sol c et tanφ.

Pour chaque courbe, F_s présente une valeur maximum (cf. points A, B, C et D). Les résultats numériques ont montré que ces valeurs de F_s correspondent exactement au même ratio H/V, i.e. à la même inclinaison de charge $\alpha=17,62°$ représentée par la droite OO' dans la figure (3.3). Ceci signifie que du point de vue déterministe, la ligne OO' qui joint l'origine et le point maximum du diagramme d'interaction (V, H), subdivise ce diagramme en deux zones : celle en dessous de la

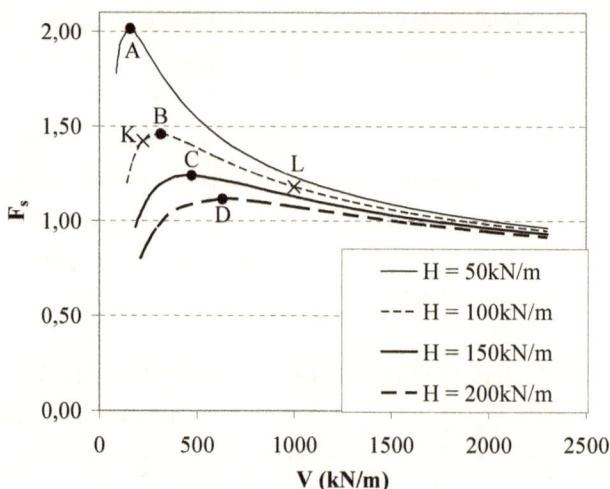

Figure 3.4 : Facteur de sécurité F_s en fonction de la composante verticale V de la charge pour différentes valeurs de la composante horizontale H

ligne OO' où le poinçonnement du sol est prédominant et une autre en dessus de cette ligne où le glissement de la fondation est prédominant. Ceci est dû au fait que F_s augmente avec l'augmentation de V dans la zone de prédominance du glissement de la fondation et il diminue avec l'augmentation de V dans la zone de prédominance du poinçonnement du sol; sa valeur maximum correspond à la configuration de charge pour laquelle il n'y a pas de prédominance d'aucun mode de rupture. Il convient de noter ici que cette détermination des zones de prédominance du glissement de la fondation et du poinçonnement du sol est basée sur des calculs déterministes et elle ne prend pas en compte les incertitudes liées au sol et/ou à la charge appliquée. Afin de vérifier si les zones de prédominance du glissement et du poinçonnement dépendent des incertitudes du sol et de la charge appliquée, une analyse probabiliste est entreprise. La probabilité de ruine est calculée pour différentes valeurs de la composante verticale V de la charge quand la composante horizontale H de cette charge est égale à 100kN/m (cf. Figure 3.5) et ce, pour les trois cas suivants: (i) cas 'A' où seules les composantes V et H de la charge sont considérées comme variables aléatoires, (ii) cas 'B' où seuls les paramètres de cisaillement du sol sont considérés comme variables aléatoires et (iii) cas 'C' où c, φ, V et H sont considérés comme des variables aléatoires.

76

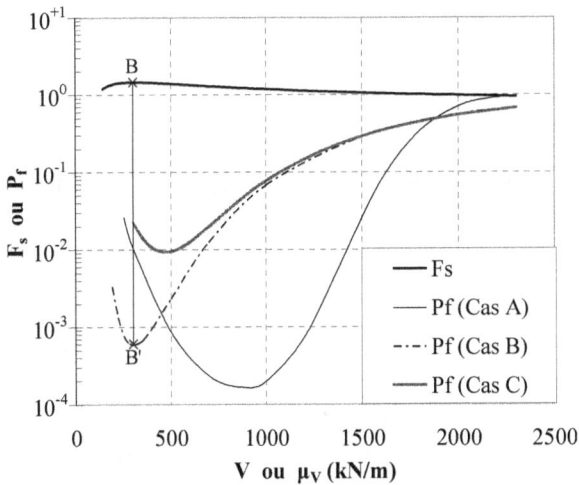

Figure 3.5 : Facteur de sécurité et probabilité de ruine pour les trois cas A, B et C

La méthode *SRSM* est employée pour approximer la surface d'état limite pour chaque cas d'étude. Pour le cas 'C', un *PCE* d'ordre 4 est utilisé puisqu'il a été prouvé comme un *PCE* optimal (montré dans le section III.1). Cet ordre optimal du *PCE* est aussi trouvé optimal pour les cas 'A' et 'B' qui concernent seulement deux variables aléatoires. Le nombre de points de collocation utilisé pour les cas 'A' et 'B' est égal à 15. Notons que l'ordre optimal déterminé en utilisant le coefficient de détermination R^2 ne justifie la bonne approximation de la réponse qu'autour de la zone centrale de cette réponse (i.e. il permet la bonne estimation des moments statistiques de la réponse). Afin d'assurer la justesse de l'ordre 4 du *PCE* dans les queues de distribution, nous présentons dans la figure (3.6) une comparaison entre les différents *CDF* de F_s correspondants aux différents ordres (2, 3, 4 et 5) et ce, pour deux configurations de charge correspondants aux points K et L de la figure (3.3) et pour les trois cas A, B et C. Pour la zone de prédominance du poinçonnement du sol (i.e. point L), l'ordre 2 ou 3 du *PCE* est suffisant. Cependant, pour le point K, il faut aller jusqu'à l'ordre 4 du *PCE* pour bien estimer une probabilité de l'ordre de 10^{-4}, surtout pour les cas 'A' et 'C'. En conclusion, l'ordre 4 du *PCE* permet de bien approximer la zone de la queue de distribution de F_s pour les cas 'A', 'B' et 'C'.

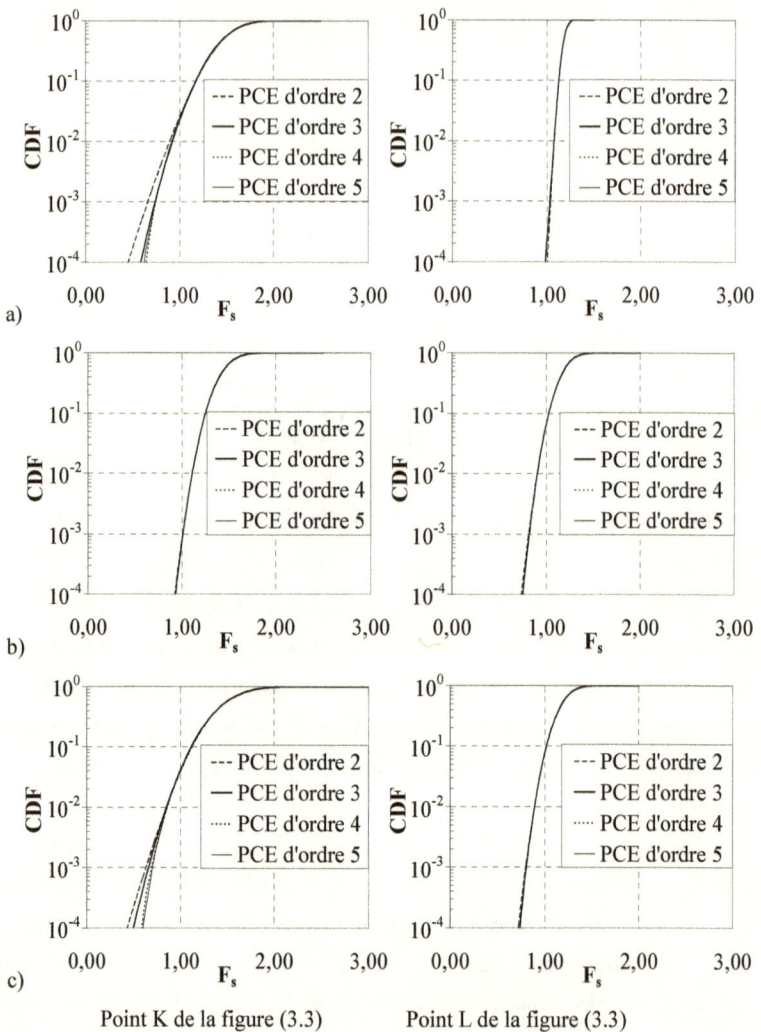

Point K de la figure (3.3)   Point L de la figure (3.3)

Figure 3.6 : Influence de l'ordre du PCE sur le CDF du facteur de sécurité pour deux configurations de charge (points K et L de la figure 3.3); a) Ne considérant que les incertitudes de la charge – Cas 'A'; b) Ne considérant que les incertitudes du sol – Cas 'B'; c) Considérant les incertitudes du sol et de la charge – Cas 'C'

Notons que la fonction de performance utilisée dans le calcul probabiliste est $G=F_s-1$ où F_s est défini vis-à-vis des caractéristiques mécaniques du sol c et $tan\varphi$. La probabilité de ruine est déterminée en utilisant la méthode de simulation de Monte Carlo sur le méta-modèle avec cinq millions d'échantillons. La probabilité de ruine est tracée en fonction de la composante verticale V ou μ_V dans la figure (3.5) pour les trois cas mentionnés ci-dessus. Cette figure donne également le facteur de sécurité en fonction de la composante verticale de la charge. Pour les petites valeurs de V ou μ_V, le glissement de la fondation est prédominant et la probabilité de ruine vis-à-vis de ce mode de rupture est significative. Lorsque la composante verticale de la charge augmente, l'effet du glissement diminue et celui du poinçonnement du sol augmente graduellement jusqu'à ce que les deux modes de rupture n'aient pas de prédominance l'un par rapport à l'autre au niveau de la probabilité de ruine. Dans ce cas, la probabilité de ruine est minimale. Au-delà de cette valeur, une augmentation dans V ou μ_V conduit à une augmentation dans la prédominance du mode du poinçonnement par rapport à celui du glissement et par conséquent, à une augmentation dans la probabilité de ruine. Il est important de noter ici que le minimum de P_f and le maximum de F_s correspondent exactement à la même valeur de V=314kN/m pour le cas 'B' où seuls les paramètres du sol sont considérés comme variables aléatoires (cf. points B et B' dans la figure 3.5). Ceci indique que l'approche probabiliste fournie le même résultat que celle déterministe dans le cas où seules les incertitudes du sol sont considérées. Cependant, lorsque seules les incertitudes de la charge (i.e. cas 'A') ou les incertitudes de la charge et des paramètres du sol (i.e. cas 'C') sont considérées, la valeur minimale de P_f correspond à une valeur plus grande de V ou μ_V (μ_V=883kN/m et μ_V=475kN/m pour les cas 'A' et 'C' respectivement). Ceci signifie que la zone de prédominance du glissement de la fondation dans le diagramme d'interaction s'étend avec la présence des incertitudes de la charge. Cette observation implique que, même si l'approche déterministe peut trouver la ligne séparant les deux zones de prédominance, cette possibilité est limitée au cas où seules les incertitudes des paramètres du sol sont considérées dans l'analyse. Dans le cas où les incertitudes de la charge appliquée sont considérées dans l'analyse, on ne peut pas déterminer la ligne séparant les deux zones de prédominance en utilisant l'approche déterministe; une analyse probabiliste est nécessaire dans ce cas.

Finalement, la figure (3.7) présente les lignes séparant les zones de prédominance du glissement et du poinçonnement et ce, pour les différents cas des incertitudes du sol et/ou de la charge appliquée. Ces lignes donnent les configurations de charge dans le diagramme d'interaction correspondant à une non-prédominance d'aucun mode de rupture (glissement ou poinçonnement) et pour lesquelles on obtient la probabilité de ruine minimale par rapport aux autres configurations de charge ayant la même composante horizontale *H* de la charge.

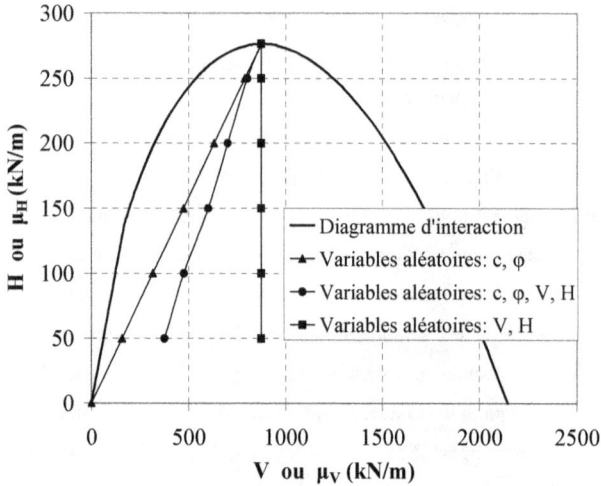

Figure 3.7: Configurations de charge optimales pour différents cas des variables aléatoires d'entrées

Pour le cas 'B' où seules les incertitudes du sol sont considérées, les approches déterministe et probabiliste ont donné les mêmes configurations de charge optimales correspondant à aucune prédominance du glissement et du poinçonnement. Dans ce cas, la zone de prédominance du glissement de la fondation est beaucoup plus petite que celle du poinçonnement du sol. En présence des incertitudes du sol et de la charge appliquée (i.e. cas 'C'), la zone du glissement de la fondation s'agrandit par rapport à celle du cas 'B' et peut être seulement déterminée par l'approche probabiliste. Finalement, la zone du glissement atteint presque la moitié du diagramme d'interaction dans le cas où seules les incertitudes du chargement sont considérées dans l'analyse (i.e. cas 'A'). En effet, dans ce cas, les configurations de charge correspondant à la non-prédominance d'aucun mode de rupture se trouvent sur la droite verticale passant le point maximal du diagramme d'interaction. Ceci peut être expliqué par le fait que les autres valeurs de la composante verticale de la charge correspondent à la prédominance du mode de glissement ou du poinçonnement et par conséquent, on obtient des valeurs plus petites de l'indice de fiabilité de Hasofer-Lind β_{HL} (i.e. des valeurs plus grandes de la probabilité de ruine) comme le montrent les ellipses de dispersion critiques pour des valeurs de μ_V plus petite, égale et plus grande que celle critique (μ_{Vcrit}) correspondant au point maximal du diagramme d'interaction (voir figure 3.8). Notons que dans cette figure, σ_V^N et σ_H^N sont respectivement les écart-type équivalents normaux des composantes verticale et horizontale de la charge et μ_V^N et μ_H^N sont respectivement les moyennes équivalents normaux des composantes verticale et horizontale de cette charge.

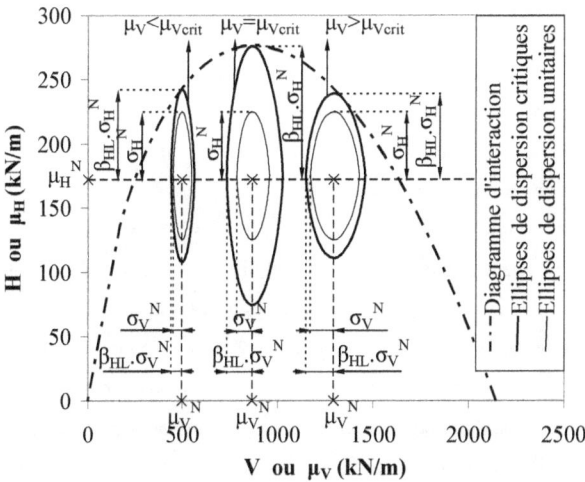

Figure 3.8: Ellipses de dispersion critiques et unitaires pour μ_H=175kN/m et trois cas de μ_V

III.4 PDF de F_s pour quelques configurations pratiques de la charge appliquée

Cette section a pour but de montrer l'effet de l'inclinaison de la charge sur le *PDF* du facteur de sécurité pour les configurations pratiques correspondant à un ratio V_u/V_s=3, où V_u est la composante verticale de la charge ultime (correspondant à l'inclinaison de charge considérée dans l'analyse) et V_s est la composante verticale de la charge appliquée. Les valeurs moyennes et les *COV* des différentes variables aléatoires sont présentés dans le tableau (3.1). Le cas des variables non normales et non corrélées est considéré dans l'analyse.

La figure (3.9) présente la distribution de F_s pour différentes inclinaisons de charge et pour différents cas des incertitudes du sol et/ou de la charge (i.e. les cas 'A', 'B' et 'C'). Les moments statistiques correspondants à ces *PDF* sont donnés dans le tableau (3.3). Pour le cas 'B', même si la valeur moyenne et l'écart-type du facteur de sécurité varient légèrement avec l'inclinaison de la charge, la variabilité du facteur de sécurité (exprimée sous forme adimensionnelle en utilisant le coefficient de variation *COV*) ne varie pas avec l'inclinaison de la charge (voir tableau 3.3). Ceci est dû au fait que dans le cas 'B', la variabilité considérée dans l'analyse (i.e. celle de c et φ) est similaire pour toutes les inclinaisons du chargement.

Contrairement au cas 'B', les *PDF* de F_s dans les deux autres cas (i.e. cas 'A' et 'C') deviennent plus écartés avec l'augmentation de α ; la variation étant plus importante pour cas 'A' par rapport au cas 'C' lorsque $\alpha > 10°$. Notons que quand α est important (i.e. lorsque le glissement de la fondation est prédominant), la variabilité de F_s est principalement influencée par la variabilité de H. A titre d'exemple, quand α augmente de 14° à 20°, *COV* de F_s augmente de 52,72% dans le cas 'A' par rapport à 26,08% dans le cas 'C'. Par ailleurs, on peut observer à partir du tableau (3.3) que même si l'augmentation de *COV* de F_s avec l'augmentation de α est la plus importante dans le cas 'A' par rapport au cas 'C', le plus important *COV* de F_s pour les différentes inclinaisons de charge α a été trouvé dans le cas 'C'. Ceci peut être expliqué par le fait que dans le cas 'C', quatre variables aléatoires (plutôt que deux dans le cas 'A') sont considérées dans l'analyse. Il est important de noter que la variabilité de la réponse obtenue en considérant les incertitudes du sol et de la charge est plus petite que celle obtenue par la somme des deux variabilités calculées séparément. Ainsi, il est nécessaire de prendre en compte toutes les incertitudes des paramètres d'entrées du sol et de la charge dans un seul calcul pour aboutir à des résultats précis. A partir de cette étude, on peut conclure que la variabilité de F_s exprimée sous forme adimensionnelle ne change pas avec l'augmentation de l'inclinaison de la charge lorsqu'on considère seulement les incertitudes du sol. Cependant, cette variabilité augmente significativement, surtout quand $\alpha > 10°$, si l'on considère les incertitudes du sol et/ou de la charge.

82

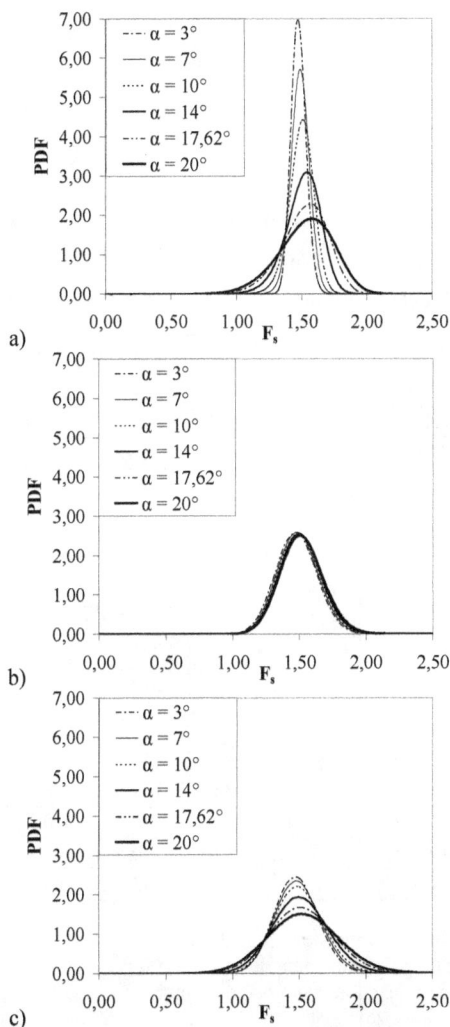

Figure 3.9: PDF de F_s pour différentes inclinaisons de charge en cosidérant; a) les incertitudes de la charge – Cas 'A'; b) les incertitudes du sol – Cas 'B'; c) les incertitudes du sol et de la charge – Cas 'C'

Finalement, le tableau (3.3) montre que même si le cas 'A' présente une prédominance du glissement de la fondation pour toutes les inclinaisons de charge considérées dans ce tableau, le cas 'B' donne un glissement de la fondation seulement pour $\alpha > 17.62°$, tandis que le cas 'C' fournit un glissement de la fondation pour $\alpha \geq 14°$. Ceci montre encore une fois l'importance de bien considérer les incertitudes du sol et/ou de la charge dans toute analyse fiabiliste pour déterminer précisément la prédominance du mode de rupture.

Table 3.3: Moment statistiques de F_s pour différentes inclinaisons de charge en considérant; a) les incertitudes de la charge – Cas 'A'; b) les incertitudes du sol – Cas 'B'; c) les incertitudes du sol et de la charge – Cas 'C'.

a)

	3° (*)	7° (*)	10° (*)	14° (*)	17,62° (*)	20° (*)
μ	1,4762	1,4868	1,4950	1,5071	1,5189	1,5298
σ	0,0574	0,0722	0,0953	0,1361	0,1791	0,2109
COV%	3,9	4,9	6,4	9,0	11,8	13,8

b)

	3° (**)	7° (**)	10° (**)	14° (**)	17,62° (***)	20° (*)
μ	1,4745	1,4865	1,4949	1,5055	1,5125	1,5181
σ	0,1523	0,1537	0,1550	0,1570	0,1588	0,1603
COV%	10,3	10,3	10,4	10,4	10,5	10,6

c)

	3° (**)	7° (**)	10° (**)	14° (*)	17,62° (*)	20° (*)
μ	1,4783	1,4889	1,4969	1,5086	1,5203	1,5308
σ	0,1633	0,1704	0,1826	0,2088	0,2410	0,2671
COV%	11,1	11,4	12,2	13,8	15,9	17,5

* : Prédominance du glissement de la fondation
** : Prédominance du poinçonnement du sol
*** : Pas de prédominance d'aucun mode de rupture

III.5 Etude paramétrique

Cette section a pour but d'étudier l'effet des caractéristiques statistiques des variables aléatoires d'entrées (le coefficient de variation, le type de densité de probabilité *PDF* et le coefficient de corrélation) sur le *PDF* du facteur de sécurité pour les zones de prédominance du glissement de la fondation et du poinçonnement du sol.

III.5.1 Effet des coefficients de variation des variables aléatoires

Pour étudier l'impact du coefficient de variation (*COV*) d'une variable aléatoire sur le *PDF* de la réponse du système, le *COV* de cette variable est augmenté ou diminué de 50% par rapport à sa valeur de référence donnée dans le tableau (3.1) (sauf pour *COV(H)* qui est augmenté ou diminué de seulement 33,33% afin de rester dans une fourchette raisonnable); cependant, les *COV* des autres variables sont considérés constants (i.e. sont égaux à leur valeurs de références). Les figures (3.10) et (3.11) montrent l'effet des *COV* des variables aléatoires sur le *PDF* de F_s pour les deux configurations de charge considérées auparavant (i.e. les points K et L de la figure 3.3) correspondant respectivement à la prédominance du glissement de la fondation (Figure 3.10) et du poinçonnement du sol (Fig. 3.11). Pour faciliter la comparaison entre les deux figures, la même échelle est utilisée pour leurs axes horizontaux. Les moments statistiques correspondant à ces *PDF* sont donnés dans les tableaux (3.4) et (3.5) pour les points K et L respectivement.

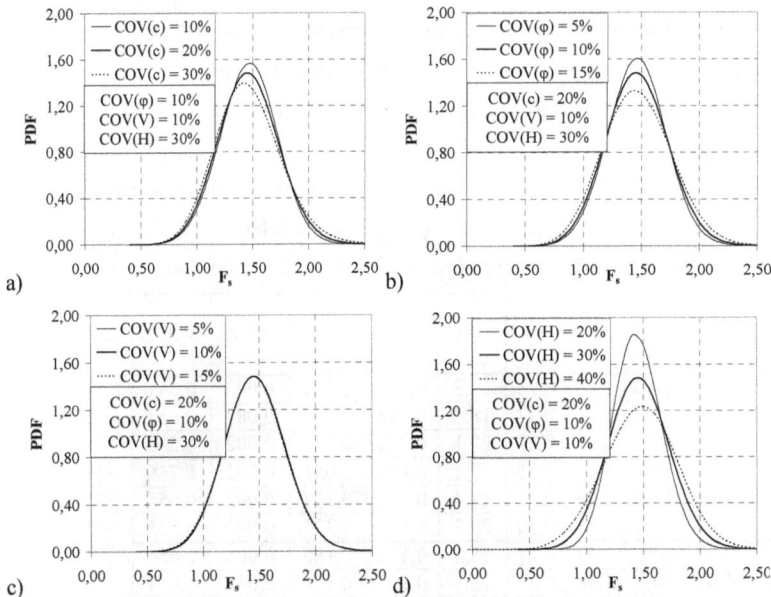

Figure 3.10: Influence de COV des variables aléatoires sur le PDF de F_s dans la zone de prédominance du glissement de la fondation (i.e. point K); a) Influence de COV(c); b) Influence de COV(φ); c) Influence de COV(V); (d) Influence de COV(H).

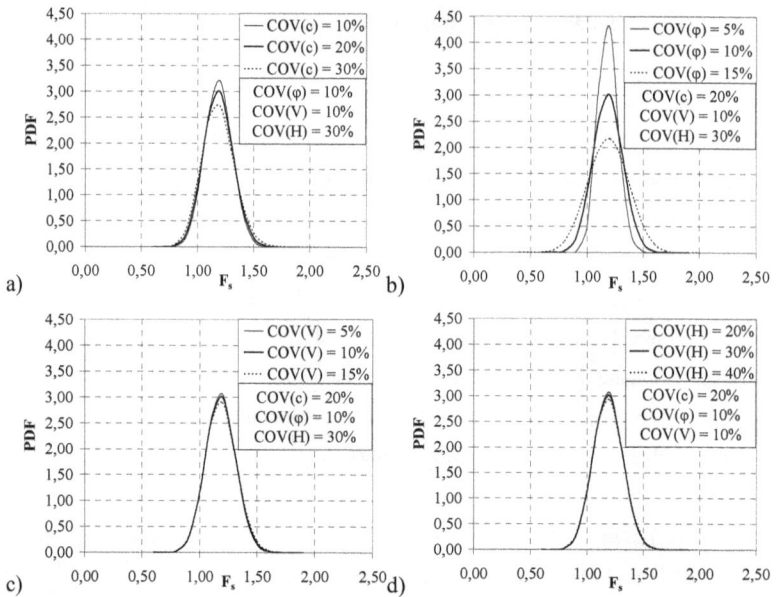

Figure 3.11: Influence de COV des variables aléatoires sur le PDF de F_s dans la zone de prédominance du poinçonnement du soil (i.e. point L);a) Influence de COV(c); b) Influence de COV(φ); c) Influence de COV(V); (d) Influence de COV(H).

Table 3.4: Effet du coefficient de variation des variables aléatoires sur les moments statistiques du facteur de sécurité et sur les indices de Sobol des variables aléatoires et ce, dans la zone de prédominance du glissement de la fondation (i.e. point K)

		μ	σ	COV	SU(c)	SU(φ)	SU(V)	SU(H)	Valeur déterministe de F_s
	10%	1,46	0,25	17,3	0,043	0,201	0,002	0,741	
COV(c)	20%	1,46	0,27	18,4	0,152	0,177	0,002	0,654	
	30%	1,46	0,29	20,1	0,282	0,148	0,002	0,549	
	5%	1,46	0,25	17,1	0,176	0,051	0,002	0,756	
COV(φ)	10%	1,46	0,27	18,4	0,152	0,177	0,002	0,654	
	15%	1,47	0,30	20,3	0,123	0,325	0,002	0,535	
	5%	1,47	0,27	18,3	0,154	0,180	0,000	0,656	1,45
COV(V)	10%	1,46	0,27	18,4	0,152	0,177	0,002	0,654	
	15%	1,46	0,27	18,6	0,148	0,173	0,006	0,650	
	20%	1,45	0,22	14,9	0,230	0,270	0,005	0,484	
COV(H)	30%	1,46	0,27	18,4	0,152	0,177	0,002	0,654	
	40%	1,48	0,32	21,7	0,110	0,127	0,001	0,745	

Table 3.5: Effet du coefficient de variation des variables aléatoires sur les moments statistiques du facteur de sécurité et sur les indices de Sobol des variables aléatoires et ce, dans la zone de prédominance du poinçonnement du sol (i.e. point L)

		μ	σ	COV	SU(c)	SU(φ)	SU(V)	SU(H)	Valeur déterministe de F_s
COV(c)	10%	1,19	0,12	10,3	0,052	0,810	0,064	0,072	
	20%	1,19	0,13	11,0	0,178	0,702	0,055	0,062	
	30%	1,18	0,14	12,2	0,324	0,576	0,045	0,051	
COV(φ)	5%	1,18	0,09	07,6	0,377	0,371	0,116	0,131	
	10%	1,19	0,13	11,0	0,178	0,702	0,055	0,062	
	15%	1,19	0,18	15,1	0,095	0,841	0,029	0,033	1,18
COV(V)	5%	1,18	0,13	10,8	0,186	0,735	0,015	0,063	
	10%	1,19	0,13	11,0	0,178	0,702	0,055	0,062	
	15%	1,19	0,14	11,4	0,168	0,653	0,114	0,061	
COV(H)	20%	1,19	0,13	10,8	0,185	0,728	0,057	0,029	
	30%	1,19	0,13	11,0	0,178	0,702	0,055	0,062	
	40%	1,19	0,13	11,3	0,170	0,669	0,053	0,104	

A première vue, le *PDF* de F_s est plus étendu dans la zone de glissement par rapport à celui dans la zone de poinçonnement. Ceci peut être expliqué par la variabilité élevée de la composante horizontale H de la charge adoptée dans cette analyse (cette valeur est considérée comme étant celle la plus rencontrée dans la pratique). Rappelons aussi que H a le plus grand poids dans la variabilité de la réponse du système lorsque le mode de glissement est prédominant.

Comme prévu, les figures (3.10) et (3.11) montrent qu'une augmentation dans le *COV* d'une variable aléatoire rend le *PDF* de la réponse plus étendu. Comme on peut le voir à partir de la figure (3.10), l'impact de la variabilité de H est significatif (contrairement à celui de la variabilité de V qui est négligeable) dans le zone de prédominance du glissement de la fondation. A titre d'exemple, lorsque l'on augmente *COV(H)* de 33,33% et *COV(φ)* et *COV(c)* de 50% de leurs valeurs de référence, le tableau (3.4) montre que le *COV* du facteur de sécurité augmente respectivement de 17,9%, 10,3% et 9,2%. Concernant la zone de prédominance du poinçonnement (cf. Fig. 3.11), c'est l'impact de la variabilité de φ qui est le plus significatif. Par exemple, le *COV* de F_s augmente respectivement de 37,3% et 10,9% quand on augmente *COV(φ)* et *COV(c)* de 50% par rapport à leurs valeurs de références; cependant, il n'augmente que d'environ 3% avec l'augmentation de *COV(V)* et *COV(H)*. Notons enfin que même si l'augmentation de *COV* des différentes variables aléatoires augmente la variabilité du facteur de sécurité dans les deux zones de prédominance, cette augmentation n'a pratiquement pas d'effet sur la valeur de la moyenne probabiliste de cette réponse (cette valeur est légèrement supérieure à la valeur déterministe calculée en utilisant les valeurs moyennes des variables aléatoires d'entrées (cf. Tableaux 3.4 et 3.5). Ceci signifie que l'aléa des variables aléatoires d'entrées conduit à une variabilité de la réponse centrée sur sa valeur déterministe. A partir de ces résultats, on peut observer que les paramètres d'entrées pour lesquels leurs variabilités influent le plus sur la variabilité de la réponse du système, sont les mêmes que ceux ayant la plus grande contribution dans la variabilité de cette réponse (obtenus en utilisant les indices de Sobol).

Finalement, les tableaux (3.4) et (3.5) montrent l'effet du *COV* des variables aléatoires d'entrées sur leurs indices de Sobol. L'augmentation/diminution du *COV* d'une variable aléatoire conduit à l'augmentation/diminution de son indice de Sobol (i.e. son poids dans la variabilité de la réponse), et conduit aussi à la diminution/augmentation de l'indice de Sobol des autres variables aléatoires. Il est important de mentionner ici que la variation de l'indice de Sobol est significative pour les variables aléatoires ayant le plus grand poids dans la variabilité de la réponse (i.e. *H* pour la zone de prédominance du glissement de la fondation et φ pour la zone de prédominance du poinçonnement du sol).

III.5.2 Effet de la non-normalité des variables aléatoires et du coefficient de corrélation entre variables aléatoires

Pour les deux zones de prédominance du poinçonnement du sol et du glissement de la fondation (i.e. pour les points K et L de la figure 3.3), la figure (3.12) présente le *PDF* du facteur de sécurité pour les variables normales et non normales. Deux configurations de *COV* ont été considérées. Le "*COV* Standard" correspond aux valeurs références de *COV* présentées dans le tableau (3.1) (i.e. $COV(c)$=20%, $COV(\varphi)$=10%, $COV(V)$=10% et $COV(H)$=30%), tandis que le "*COV* élevés" correspond au cas où $COV(c)$=30%, $COV(\varphi)$=15%, $COV(V)$=15% et $COV(H)$=30%. Pour ces deux cas de *COV*, la non-normalité a une petite influence sur le PDF de la réponse du système dans la zone de prédominance du glissement de la fondation

(Figure 3.12a) et il n'y a presque pas d'effet dans la zone du poinçonnement du sol (Figure 3.12b).

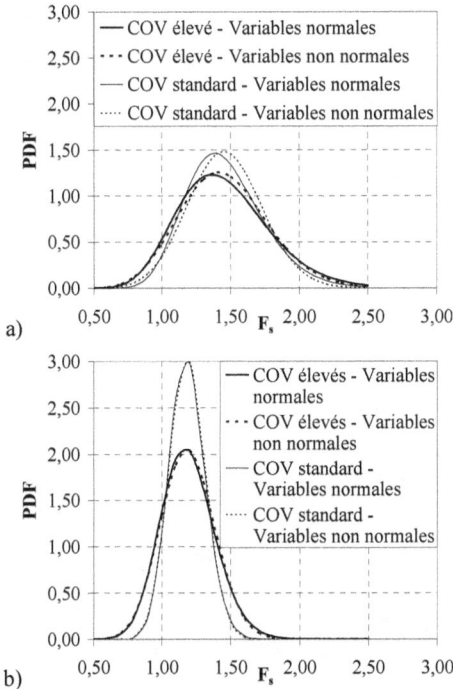

a)

b)

Figure 3.12: Influence de la non normalité des variables aléatoires d'entrées sur le PDF de F_s pour deux configurations de leurs coefficients de variation; a) Zone de prédominance du glissement de la fondation; b) Zone de prédominance du poinçonnement du sol

Concernant le coefficient de corrélation entre variables aléatoires, certains auteurs [Lumb (1970), Yuceman et al. (1973), Wolff (1985), Harr (1987), Cherubini (2000)] ont proposé une corrélation négative entre la cohésion effective c et l'angle de frottement interne effective φ. Cependant, d'autres essais expérimentaux sont nécessaires pour confirmer ce résultat. La figure (3.13) présente l'effet de $\rho_{c\varphi}$ sur le *PDF* du facteur de sécurité pour deux configurations de charge représentées par les points K et L de la figure (3.3). Il paraît que pour les deux zones de prédominance du glissement de la fondation ou du poinçonnement du sol, l'augmentation de $\rho_{c\varphi}$

augmente la variabilité de F_s. A titre d'exemple, l'augmentation de $\rho_{c\varphi}$ de $-0,5$ à 0 augmente la variabilité de la réponse du système de 9,5% dans la zone de prédominance du glissement de la fondation et de 24,1% dans la zone du poinçonnement du sol. On peut conclure que l'hypothèse de variables non corrélées est conservative par rapports à celle de variables corrélées négativement.

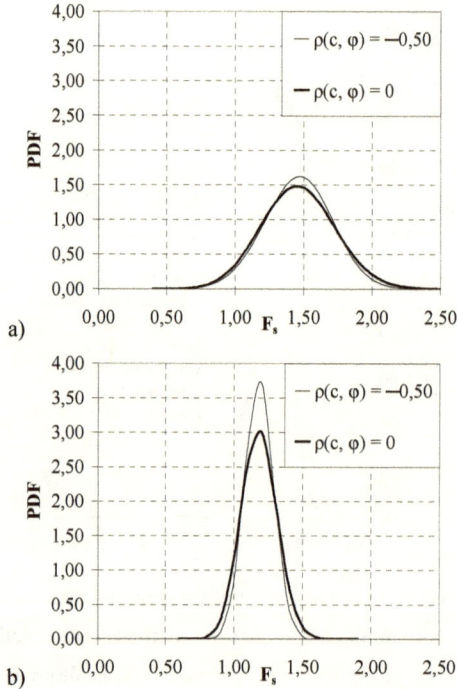

a)

b)

Figure 3.13: Influence du coefficient de corrélation des variables aléatoires d'entrées sur le PDF de F_s; a) Zone de prédominance du glissement de la fondation; b) Zone de prédominance du poinçonnement du sol

IV   Analyse probabiliste d'une fondation superficielle filante posée sur un massif rocheux de type Hoek-Brown et soumise à un chargement centré

L'objectif de ce paragraphe est l'étude probabiliste d'une fondation superficielle filante reposant sur un massif rocheux de type Hoek-Brown. Auparavant, on se propose de présenter, (i) le critère de rupture de Hoek-Brown (*HB*), puis (ii) les modèles de calcul de la charge ultime d'une fondation superficielle filante reposant sur un massif rocheux obéissant le critère de *HB* et soumise à une charge centrée (verticale ou inclinée). En effet, ces modèles déterministes seront la base de notre étude probabiliste. Notons que pour les deux cas de chargement, la réponse du système adopté pour les études probabilistes est la capacité portante de la fondation. L'objectif de l'étude probabiliste est de déterminer dans un premier temps le *PDF* de la charge ultime et d'examiner l'effet des différents paramètres statistiques des variables aléatoires sur ce *PDF* et ce, dans le cas d'un chargement vertical. Cette étude sera suivie d'une analyse et d'un dimensionnement fiabiliste pour ce cas de chargement. Dans un second temps, nous présentons une analyse probabiliste dans le cas d'un chargement incliné.

IV.1   Critère de rupture de Hoek-Brown

La figure (3.14) montre le critère de Hoek-Brown dans le plan (τ, σ). Ce critère n'est pas décrit par une droite comme c'est le cas du critère de Mohr-Coulomb mais par une courbe. Le critère de rupture de Hoek-Brown s'écrit en fonction des contraintes principales de la manière suivante :

$$\sigma_1 - \sigma_3 = \sigma_c \left(m \frac{\sigma_3}{\sigma_c} + s \right)^n \tag{3.4}$$

où σ_1 et σ_3 sont respectivement les contraintes principales majeure et mineure et σ_c est la résistance en compression simple de la roche saine. Les paramètres m, s et n de l'équation (3.4) sont donnés par les équations suivantes :

$$m = m_i \cdot exp\left(\frac{GSI - 100}{28 - 14D}\right) \qquad (3.5)$$

$$s = exp\left(\frac{GSI - 100}{9 - 3D}\right) \qquad (3.6)$$

$$n = \frac{1}{2} + \frac{1}{6}\left[exp\left(-\frac{GSI}{15}\right) - exp\left(-\frac{20}{3}\right)\right] \qquad (3.7)$$

Dans ces équations, l'indice GSI "geological strength index" caractérise la qualité du massif rocheux et dépend de sa structure et de l'état de surface des joints (Hoek et Brown 1997). Le paramètre m_i est la valeur du paramètre m pour la roche saine et peut être obtenu expérimentalement (Hoek et Franklin 1968). Le paramètre m_i varie de 4 pour une roche de qualité médiocre comme pour le "claystone" à 33 pour le granite. Enfin, le paramètre D est un coefficient lié au remaniement. Il varie de 0 pour un matériau non remanié à 1 pour un matériau très remanié.

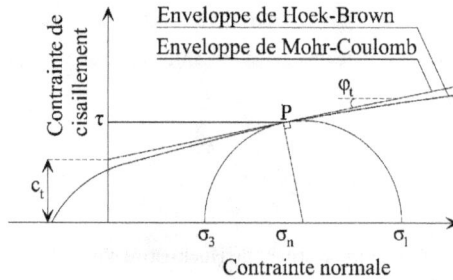

Figure 3.14: L'enveloppe de résistance des critères de Mohr-Coulomb et de Hoek-Brown dans le plan (τ, σ)

Notons que le critère de rupture de Hoek-Brown s'applique aux roches saines ou très fracturées. Un massif rocheux très fracturé au sens de HB implique un réseau de joints suffisamment dense et réparti de manière aléatoire de telle sorte que le massif rocheux peut être considéré comme un ensemble isotrope. Les massifs rocheux caractérisés par un réseau limité de discontinuités ne peuvent donc pas être considérés dans le cadre de ce critère de rupture (Hoek et Brown 1980, Hoek et Marinos 2007, Brown 2008). La figure (3.15) présente les conditions pour lesquelles le critère de rupture de Hoek-Brown peut être appliqué.

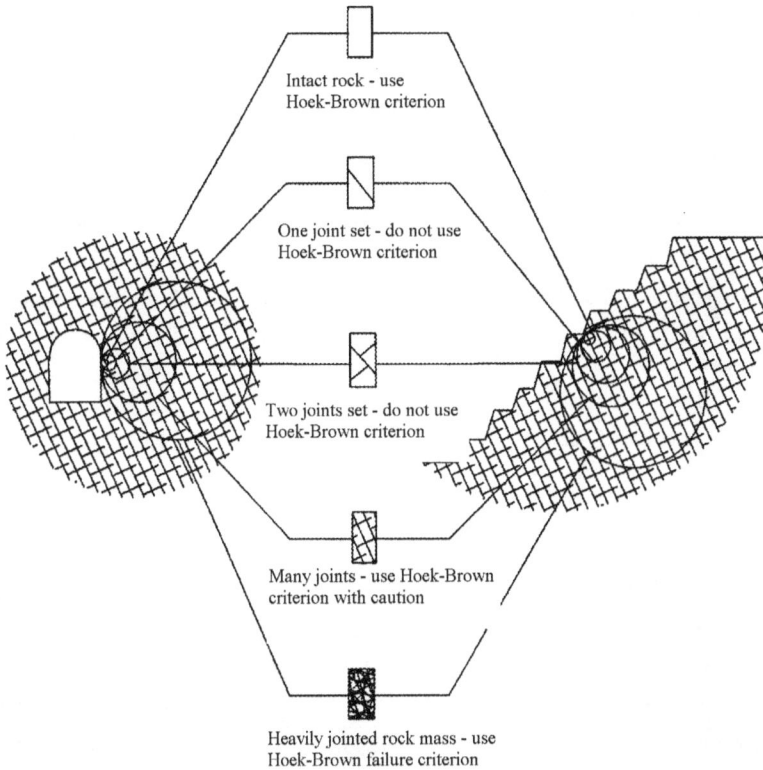

Figure 3.15: Conditions pour lesquelles le critère de rupture de Hoek-Brown peut être appliqué (Hoek et al. 1995)

IV.2 Modèles d'analyse limite

Deux mécanismes de rupture cinématiquement admissibles M1 et M2 basés sur le théorème cinématique de l'analyse limite ont été utilisés dans cette étude. Ces mécanismes ont été rappelés dans la partie II de ce chapitre.

Le mécanisme M1 a été utilisé par Yang et Yin (2005) et Saada et al. (2008) dans le cas d'une fondation filante reposant sur un massif rocheux respectant le critère de rupture de Hoek-Brown. Pour ce type de critère de rupture, l'enveloppe de rupture est non linéaire (voir figure 3.14). Yang et Yin (2005) ont remplacé le critère de rupture non linéaire par un critère de rupture linéaire équivalent caractérisé par un angle de frottement interne 'tangentiel' φ_t et une cohésion c_t (voir figure 3.14). Ce critère est donné par :

$$\tau = c_t + \sigma_n \, tan \, \varphi_t \tag{3.8}$$

Cette technique a aussi été utilisée par Collins et al. (1988) entre autres. Notons que la cohésion c_t peut être exprimée en fonction de l'angle de frottement 'tangentiel' φ_t et des paramètres m, s, n du critère de rupture de Hoek-Brown comme suit :

$$\frac{c_t}{\sigma_c} = \frac{cos \, \varphi_t}{2} \left[\frac{mn(1 - sin \, \varphi_t)}{2 \, sin \, \varphi_t} \right]^{\left(\frac{n}{1-n}\right)} - \frac{tan \, \varphi_t}{m} \left(1 + \frac{sin \, \varphi_t}{n} \right) \left[\frac{mn(1 - sin \, \varphi_t)}{2 \, sin \, \varphi_t} \right]^{\left(\frac{1}{1-n}\right)} + \frac{s}{m} tan \, \varphi_t \tag{3.9}$$

Notons aussi que dans cette approche, toutes les vitesses des blocs v_i (i=1, ..., k) et toutes les vitesses inter-blocs $v_{i,i+1}$ (i=0, ..., k-1) sont supposées inclinées d'un angle constant (l'angle de frottement 'tangentiel' φ_t) par rapport à leurs surfaces correspondantes comme le montre la figure (3.16a) pour le cas du mécanisme symétrique. En utilisant la méthode du critère de rupture linéaire équivalent, l'expression de la puissance dissipée par unité de surface le long d'une surface de discontinuité de vitesse demeure essentiellement la même que celle du cas du critère de rupture de Mohr-Coulomb mais avec φ_t et c_t au lieu de φ et c, comme suit :

$$\dot{D} = c_t v. cos \, \varphi_t \tag{3.10}$$

où v est la vitesse le long de la surface de discontinuité de vitesse. Puisque la résistance au cisaillement dans le cas du critère équivalent est plus grande ou égale que celle du critère de rupture non linéaire, la solution obtenue en utilisant l'approche du critère de rupture équivalent est certainement plus grande que celle du critère de rupture non linéaire de Hoek-Brown et ainsi, elle reste une borne supérieure par rapport à la solution exacte. Notons que cette méthode est approchée car elle suppose un angle de frottement 'tangentiel' unique.

Récemment, une approche plus rigoureuse qui préserve la non-linéarité du critère de rupture de Hoek-Brown, a été proposée par Saada et al. (2008). Contrairement à l'approche du critère de rupture équivalent où un seul angle de frottement 'tangentiel' a été utilisé, dans l'approche proposée par Saada et al. (2008), chaque bloc triangulaire i ($i=1. \ldots. k$) est supposé se déplacer avec une vitesse v_i ($i=1. \ldots. k$) inclinée d'un angle φ_i par rapport à la ligne d_i. Pour la vitesse $v_{i,i+1}$, son inclinaison a été arbitrairement considérée égale à celle de v_{i+1} (i.e. $\varphi_{i,i+1}=\varphi_{i+1}$) (Figure 3.16b).

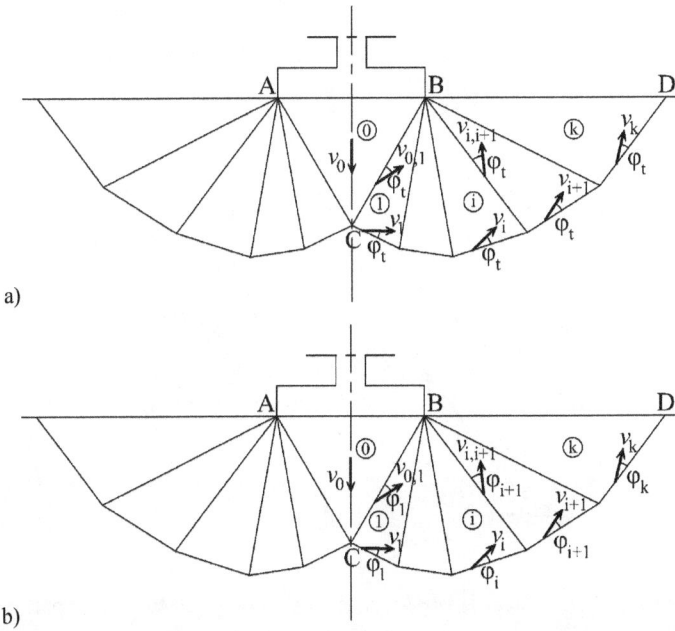

Figure 3.16: a) Champ de vitesses utilisé par Yang et Yin (2005); b) Champ de vitesses utilisé par Saada et al. (2008)

Il a été montré dans Saada et al. (2008) que cette approche apporte une amélioration significative par rapport à celle proposée par Yang et Yin (2005) du fait qu'elle utilise plusieurs angles de frottement 'tangentiels' différents. Cependant, l'hypothèse concernant l'inclinaison de la vitesse $v_{i,i+1}$ ne semble pas logique et une

95

approche plus rigoureuse est proposée dans le présent travail: La vitesse $v_{i,i+1}$ est supposée inclinée de l'angle $\varphi_{i,i+1}$ par rapport à la ligne l_{i+1} où $\varphi_{i,i+1}$ est différente le long des différentes lignes l_i (Figure 3.17a). Les hodographes de vitesses sont présentés dans la figure (3.17b). En utilisant cette approche, le nombre de degré de liberté du mécanisme de rupture augmente de manière significative par rapport à l'approche proposée par Saada et al. (2008). En effet, le nombre des variables du bloc i ($i=1, \ldots, k$) augmente de 3 ($\alpha_i, \beta_i, \varphi_i$) à 4 ($\alpha_i, \beta_i, \varphi_i, \varphi_{i-1,i}$).

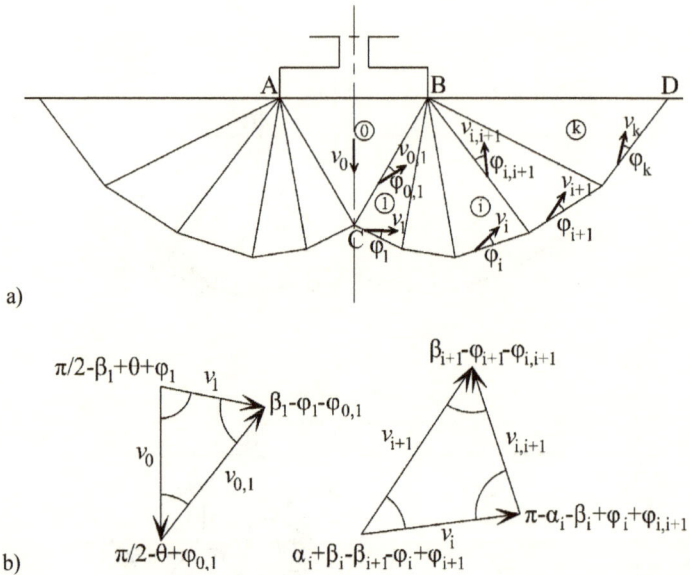

Figure 3.17 : a) Champ de vitesses pour le mécanisme M1; b) Hodographes des vitesses pour le mécanisme M1

L'approche présentée plus haut a ensuite été étendue au cas du mécanisme M2 relatif au chargement incliné. Le champ de vitesses et l'hodographe de vitesses sont montrés dans la figure (3.18).

a)

φ_1 v_1 ① $v_{1,2}$ $v_{i,i+1}$ (k) v_k

A | B D

C $\varphi_{1,2}$ ① $\varphi_{i,i+1}$ φ_k

v_i v_{i+1}

φ_i φ_{i+1}

b)

$\beta_{i+1}\text{-}\varphi_{i+1}\text{-}\varphi_{i,i+1}$

v_{i+1} $v_{i,i+1}$

$\pi\text{-}\alpha_i\text{-}\beta_i+\varphi_i+\varphi_{i,i+1}$

v_i

$\alpha_i+\beta_i\text{-}\beta_{i+1}\text{-}\varphi_i+\varphi_{i+1}$

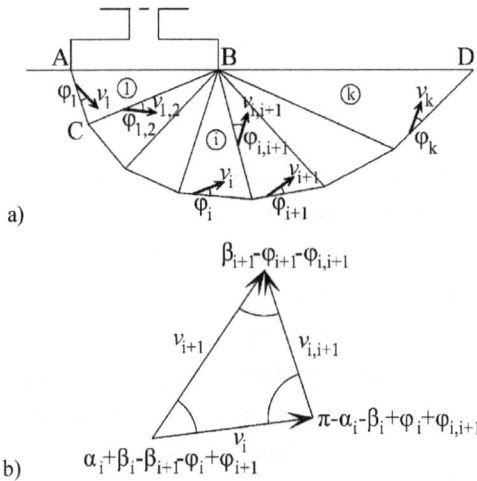

Figure 3.18 : a) Champ de vitesses pour le mécanisme M2; b) Hodographe des vitesses pour le mécanisme M2

Les résultats numériques donnés par la présente approche pour le cas du chargement centré ont montré que la portance diminue (i.e. s'améliore) avec l'augmentation du nombre de blocs. Cette amélioration est significative pour un nombre faible de blocs et diminue avec l'augmentation du nombre de blocs. L'augmentation de 7 à 8 blocs améliore très légèrement la solution ; le pourcentage d'amélioration étant inférieur à 0,8%. Ainsi, 7 blocs ont été utilisés pour le mécanisme M1 dans la suite de cette étude. Notons que l'amélioration induite par la présente approche par rapport à celle donnée par Saada et al. (2008) (i.e. l'approche qui prescrit la valeur de $\varphi_{i,i+1}$) a été trouvée égale à 0,9% pour le cas de 7 blocs. Même si cette amélioration est très petite, la présente approche sera utilisée dans la suite de ce travail. Ceci est en raison de la faible augmentation du temps de calcul (seulement quelques secondes en raison de la nature analytique du modèle de calcul). Il doit être mentionné ici qu'en utilisant plusieurs angles de frottement 'tangentiels' (comme c'est le cas dans l'approche de Saada et al. 2008 et dans la présente approche), le critère de rupture de Hoek-Brown est représenté implicitement par un grand nombre de lignes 'tangentielles' au critère de rupture non linéaire. La puissance dissipée par unité de surface dans ce cas est donnée par (Saada et al. 2008):

$$\dot{D} = \frac{s\sigma_c}{m} v^{(n)} + \sigma_c \left(n^{\frac{n}{n-1}} - n^{\frac{1}{n-1}} \right) m^{\frac{n}{n-1}} \left(\frac{1}{v^{(n)}} \left(\frac{v - v^{(n)}}{2} \right)^{1/n} \right)^{\frac{n}{1-n}} \qquad (3.11)$$

où $v^{(n)}$ est la composante normale de la vitesse v le long d'une surface de discontinuité de vitesse. Pour les deux mécanismes M1 et M2, la borne supérieure de la capacité portante ultime de la fondation est obtenue grâce à l'équation du bilan énergétique (i.e. en égalant la puissance des efforts extérieurs à la puissance dissipée). Les efforts extérieurs concernent la force de fondation et le poids des différents blocs en mouvement. Quant à la puissance dissipée, elle a lieu le long des surfaces de discontinuités de vitesses (i.e. le long des lignes de base et des lignes radiales du mécanisme de ruine). Après simplifications, l'équation du bilan énergétique s'écrit comme suit :

$$q_u = \frac{1}{2} \gamma B_0 N_\gamma + \sigma_c N_{\sigma_c} \qquad (3.12)$$

où N_γ et N_{σ_c} sont des coefficients adimensionnelles fonctions non seulement des paramètres géométriques du mécanisme mais aussi des différents angles de frottement 'tangentiels' φ_{i+1} et $\varphi_{i,i+1}$. Ces fonctions sont données dans les annexes G et H pour les deux mécanismes de ruptures M1 et M2 respectivement. Pour chaque mécanisme de rupture, la capacité portante ultime est obtenue par une procédure de minimisation par rapport aux paramètres angulaires du mécanisme de rupture correspondant et par rapport aux différents angles de frottement 'tangentiels' φ_{i+1} et $\varphi_{i,i+1}$.

IV.3 Résultats numériques probabilistes

Pour les deux mécanismes de rupture M1 et M2, les résultats numériques présentés dans ce chapitre considèrent le cas d'une fondation superficielle filante de largeur B_0=1m. Le massif rocheux est non-pesant (γ=0) et aucune surcharge (q=0) n'est considérée au niveau de la surface du terrain. Les variables aléatoires considérées sont les paramètres du critère de Hoek-Brown : GSI, m_i, σ_c et D. Les données statistiques des paramètres incertains utilisés dans cette étude sont données dans le tableau (3.6).

Notons que très peu de données statistiques de ces paramètres existent dans la littérature. Hoek (1998) a proposé quelques informations sur les variables GSI, m_i et σ_c. Il a été supposé que les paramètres GSI, m_i et σ_c peuvent être représentés par une distribution normale avec les moyennes et écart-types donnés dans le tableau (3.6). Notons enfin que la réponse probabiliste recherchée est la capacité portante ultime de la fondation.

Tableau 3.6 : Variables aléatoires d'entrées et leurs données statistiques

Variables	Moyenne μ	COV	Type de distribution de probabilité	Coefficient de corrélation ρ
GSI [-]	25	10%	Log-normale	
m_i [-]	8	12,5%	Log-normale	$-0,75 \leq \rho(GSI, \sigma_c) \leq +0,75$
σ_c [MPa]	10	25%	Log-normale	
D [-]	0,3	10%	Log-normale	

IV.3.1 Cas du chargement vertical centré

IV.3.1.1 Ordre optimal du PCE, nombre optimal des points de collocation et indices de Sobol

Cette partie a pour but de déterminer l'ordre optimal p du PCE et les indices de Sobol des variables aléatoires. Nous présentons dans le tableau (3.7) les valeurs du coefficient de détermination pour différents ordres du PCE. Ce tableau montre que la valeur de R^2 de l'ordre 2 proche de 1. Par conséquent, le PCE d'ordre $p=2$ fournit un bon ajustement entre le méta-modèle et le vrai modèle dans la zone centrale du PDF.

Tableau 3.7 : Coefficient de détermination R^2 pour différents ordres du PCE

Order of PCE	Coefficients of determination R^2
2	0,9990050287
3	0,9999903833
4	0,9999996619
5	0,9999999945

Concernant la queue de distribution, la figure (3.19) présente le CDF de la réponse pour différents ordres. A partir de cette figure, on peut voir que l'ordre 4 est nécessaire pour calculer des probabilités de l'ordre de 10^{-4}. Cependant, pour calculer des probabilités de ruine plus faibles ou pour faire un dimensionnement fiabiliste (cf. section ultérieure) qui exige un indice de fiabilité cible de 3,8, il est souhaitable que les points de collocation servant au calcul de la surface de réponse puissent couvrir cette distance. Notons que la distance maximale qui est couverte par les points de collocation est égale à 3,1623, 3,4917 et 3,9241 pour les *PCE* d'ordres 4, 5 et 6 respectivement. Ainsi, un PCE d'ordre 6 est nécessaire pour couvrir cette distance de 3,8. En conclusion, dans le problème de la fondation filante reposant sur un massif rocheux et soumise à un chargement centré, le dimensionnement fiabiliste sera effectué en utilisant un *PCE* d'ordre 6, tandis que toutes les analyses probabilistes (calcul des moments statistiques de la réponse) seront effectuées en employant un *PCE* d'ordre 4.

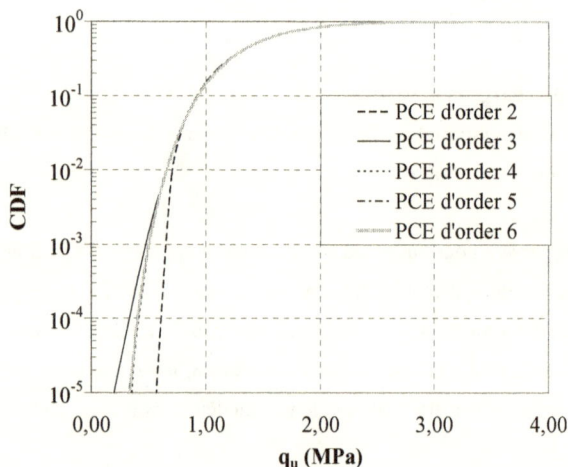

Figure 3.19 : Influence de l'ordre du PCE sur le CDF de la capacité portante ultime

Le tableau (3.8) présente les indices de Sobol (noté par *SU*) des différentes variables ou combinaisons de variables obtenues en utilisant l'ordre 4 du *PCE*. Notons ici que les combinaisons de variables aléatoires n'ont pas été considérées dans le cas du massif de sol puisqu'une analyse de sensibilité du premier ordre a été considérée dans ce cas d'étude. Comme il a été mentionné auparavant, les indices de Sobol fournissent la contribution de chaque variable aléatoire ou combinaison des variables aléatoires dans la variabilité de la réponse. A partir du tableau (3.8), on peut observer que l'indice de Sobol du paramètre σ_c est plus grand que celui des autres paramètres. Par conséquent, σ_c a la contribution la plus importante dans la variabilité de la réponse du système (i.e. la capacité portante ultime). Un autre paramètre influençant est *GSI* qui a l'indice de Sobol de 0,3141. Pour les deux paramètres restants (i.e. m_i et D), leurs contributions sont moins importantes en raison de leurs petites valeurs de leurs indices de Sobol. Aussi, les indices de Sobol de toutes les combinaisons des variables aléatoires sont négligeables. Cette étude est importante car elle aide les ingénieurs pour détecter les paramètres incertains qui ont un poids significatif dans la variabilité de la réponse du système. Pour un massif rocheux donné, une étude expérimentale approfondie concernant la variabilité des paramètres d'entrées sera donc requise par l'ingénieur seulement pour les paramètres influants [i.e. l'indice "geological strength index" (*GSI*) et la résistance en compression simple de la roche saine (σ_c)] afin d'obtenir des résultats fiables de la réponse du système.

Tableau 3.8 : Indices de Sobol pour le PCE d'ordre 4

SU(GSI)	0,3141
SU(m_i)	0,0866
SU(σ_c)	0,5378
SU(D)	0,0308
SU(GSI, m_i)	0,0026
SU(GSI, σ_c)	0,0196
SU(GSI, D)	0,0006
SU(m_i, σ_c)	0,0054
SU(m_i, D)	0,0003
SU(σ_c, D)	0,0019
SU(GSI, m_i, σ_c)	0,0016
SU(GSI, m_i, D)	$4,71.10^{-6}$
SU(GSI, σ_c, D)	$3,57.10^{-5}$
SU(m_i, σ_c, D)	$1,97.10^{-5}$
SU(GSI, m_i, σ_c, D)	$2,70.10^{-7}$
Somme	1

IV.3.1.2   Etude paramétrique

IV.3.1.2.1   Effet des coefficients de variation des variables aléatoires

L'effet des coefficients de variation (*COV*) des variables aléatoires est étudié et présenté dans la figure (3.20) et le tableau (3.9).

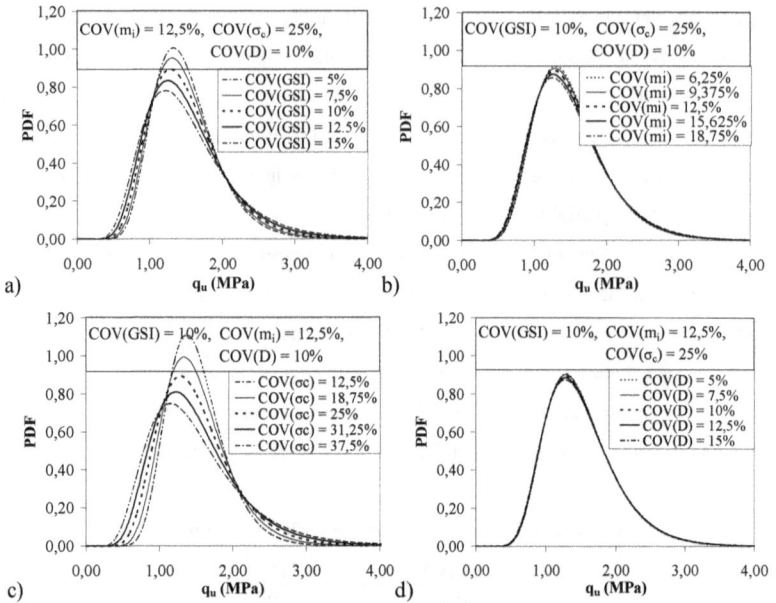

Figure 3.20 : Influence des coefficients de variation des variables aléatoires d'entrées sur le PDF de la capacité portante; a. Influence de COV(GSI); b. Influence de COV(m_i); Influence de COV(σ_c); d. Influence de COV(D).

L'augmentation du *COV* des paramètres *GSI* ou σ_c a un effet significatif sur la variabilité de la capacité portante ultime tandis que l'augmentation du *COV* des paramètres m_i ou D n'a pratiquement pas d'effet sur la variabilité de cette réponse. Le tableau (3.9) confirme ces observations. Il montre aussi que le *COV* n'a pratiquement pas d'effet sur la valeur moyenne de la capacité portante ultime. Cette valeur moyenne est légèrement plus grande que la valeur déterministe de la capacité portante ultime calculée en utilisant les valeurs moyennes des paramètres incertains. Concernant les moments statistiques d'ordre 3 et 4, une augmentation dans le *COV* d'une variable aléatoire donnée augmente le cœfficient d'asymétrie et le coefficient d'aplatissement de la réponse du système. Finalement, l'effet du *COV* des variables aléatoires sur les indices de Sobol est donné dans la figure (3.21). Cette figure montre que l'augmentation dans le *COV* d'une certaine variable augmente son indice de Sobol (i.e. elle augmente le poids de cette variable dans la variabilité de la réponse du système) et diminue les indices de Sobol des autre variables.

102

Tableau 3.9 : Effet des coefficients de variation des variables aléatoires d'entrées sur les moments statistiques de la capacité portante

	Coefficient de variation %	μ	σ	COV%	δ	κ	Valeur déterministe de q_u
COV(GSI)	5	1,5037	0,4395	29,4	0,9017	1,4701	
	10	1,5056	0,5129	34,1	1,0624	2,0664	
	15	1,5054	0,6258	41,0	1,3388	3,3512	
COV(m_i)	6,25	1,5059	0,4948	32,9	1,0264	1,9290	
	12,5	1,5056	0,5129	34,1	1,0624	2,0664	
	18,75	1,5050	0,5426	36,1	1,1310	2,3422	
COV(σ_c)	12,5	1,5052	0,3895	25,9	0,7980	1,1747	1,4889
	25	1,5056	0,5129	34,1	1,0624	2,0664	
	37,5	1,5051	0,6700	44,5	1,4223	3,7569	
COV(D)	5	1,5042	0,5062	33,7	1,0553	2,0389	
	10	1,5056	0,5129	34,1	1,0624	2,0664	
	15	1,5070	0,5239	34,8	1,0677	2,0846	

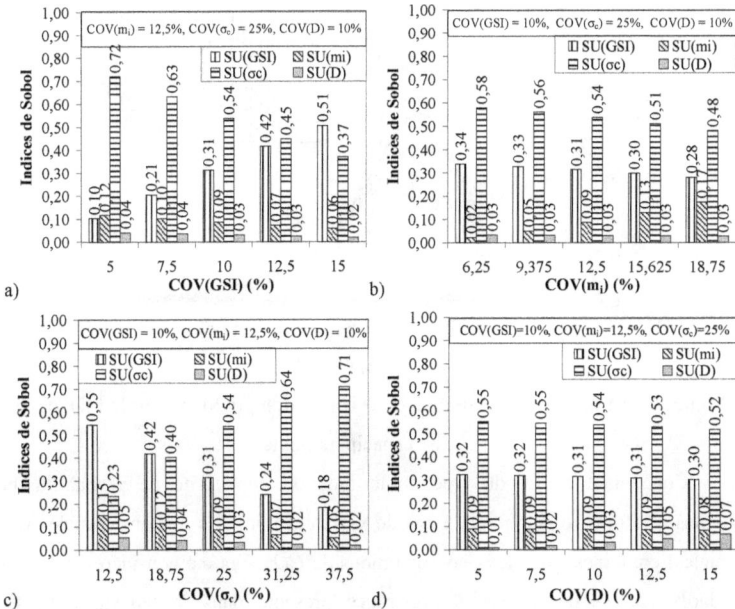

Figure 3.21 : Influence des coefficients de variation des variables aléatoires d'entrées sur leurs indices de Sobol; a. Influence de COV(GSI); b. Influence de COV(m_i); c. Influence de COV(σ_c); d. Influence de COV(D).

103

IV.3.1.2.2   Effet du coefficient de corrélation et du type de la fonction de densité de probabilité des variables aléatoires

La figure (3.22) présente le *PDF* de la capacité portante ultime pour différentes valeurs du coefficient de corrélation $\rho(GSI, \sigma_c)$. Cette figure montre que le *PDF* est moins étendu dans le cas de la corrélation négative entre les variables aléatoires *GSI* et σ_c. Contrairement au cas d'une corrélation positive (où les deux paramètres augmentent ou diminuent ensemble) qui conduit à une importante variation (i.e. variabilité) dans la capacité portante ultime, une corrélation négative diminue la variabilité de la réponse. Ceci est dû au fait que l'augmentation de la valeur d'un paramètre implique une diminution de l'autre paramètre.

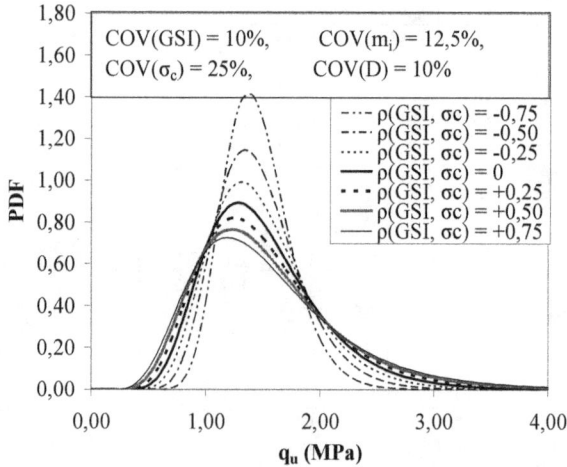

Figure 3.22 : Influence du coefficient de corrélation $\rho(GSI, \sigma_c)$ sur le PDF de la capacité portante

Concernant l'effet du type de la fonction de densité de probabilité des variables aléatoires d'entrés, deux cas de variables normales et non normales (lognormales) combinés avec deux configurations de *COV*, ont été considérés. Le "*COV* standard" correspond au cas de référence présenté dans le tableau (3.6) [i.e. $COV(GSI)=10\%$, $COV(m_i)=12,5\%$, $COV(\sigma_c)=25\%$ et $COV(D)=10\%$], tandis que "*COV* élevés" correspond à ces valeurs augmentées de 20% [i.e. $COV(GSI)=12\%$, $COV(m_i)=15\%$, $COV(\sigma_c)=30\%$ et $COV(D)=12\%$]. La non-normalité des variables aléatoires d'entrées a une influence significative sur la forme du *PDF* de la capacité portante ultime comme on peut le voir à partir de la figure (3.23) pour les deux cas de "COV standard" et "COV élevés". Ceci est confirmé par les valeurs du coefficient d'asymétrie et du coefficient d'aplatissement données dans le tableau (3.10). Il faut souligner toutefois que la non-normalité des variables aléatoires n'a pratiquement pas d'influence sur la moyenne et l'écart-type (et par conséquent sur le coefficient de variation COV) de la réponse du système.

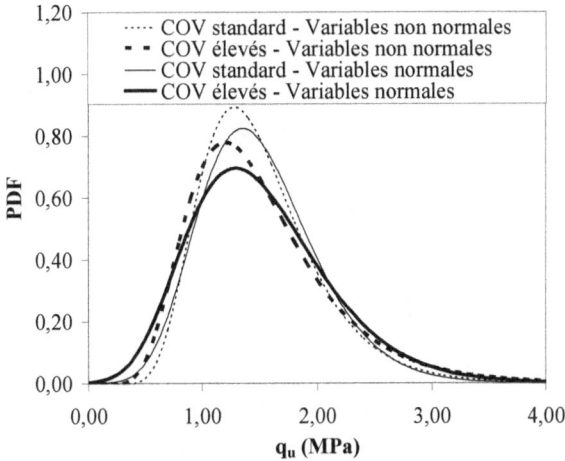

Figure 3.23 : Influence du type de la fonction de densité de probabilité des variables aléatoires d'entrées sur le PDF de la capacité portante pour deux configurations de COV

Tableau 3.10 : Influence du type de la fonction de densité de probabilité des variables aléatoires d'entrées sur les moments statistiques de la capacité portante pour deux configurations de COV

	μ	σ	COV%	δ	κ
COV standard et variables non normales	1,5055	0,5129	34,1	1,0624	2,0664
COV standard et variables normales	1,5056	0,5107	33,9	0,6292	0,7132
COV élevé et variables non normales	1,5212	0,7380	48,5	1,5652	4,5731
COV élevé et variables normales	1,5203	0,7307	48,1	0,8755	1,4004

IV.3.1.3   Analyse fiabiliste

Cette section vise à effectuer une analyse fiabiliste en utilisant le méta-modèle de la capacité portante ultime correspondant à un *PCE* d'ordre 6. Le tableau (3.11) présente l'indice de fiabilité de Hasofer-Lind β_{HL}, le point de conception correspondant (GSI^*, m_i^*, σ_c^*, and D^*) et la probabilité de ruine P_f calculée par *FORM* pour différentes valeurs de la charge appliquée P_s. Ce tableau présente aussi la probabilité de ruine P_f calculée par la simulation de Monte Carlo (*MCS*) sur le méta-modèle et le coefficient de variation correspondant pour un nombre de simulations N_{MCS}=5.10^6 échantillons. Tous les résultats sont présentés pour le cas des variables non corrélées et lognormales. Notons que la fonction de performance utilisée dans cette partie est $G=P_u-P_s$, où P_u et P_s sont respectivement les charge ultime de la fondation ($P_u=q_u*B$) et charge appliquée. Notons que F dans ce tableau correspond au rapport entre P_u et P_s. Ceci représente le facteur de sécurité vis-à-vis du poinçonnement du sol.

A partir du tableau (3.11), on peut noter que l'indice de fiabilité β_{HL} diminue et par conséquent, la probabilité de ruine augmente, lorsque la valeur de la charge appliquée augmente (i.e. quand le facteur de sécurité $F=P_u/P_s$ diminue). Lorsque la charge appliquée P_s est égale à la charge ultime de la fondation (i.e. F=1), les valeurs des variables aléatoires du point de conception sont très proches (pas exactement égales car les variables aléatoires d'entrées sont non-normales) à leurs valeurs moyennes, et la probabilité de ruine correspondant est presque égale à 50%. En fait, la valeur du point de conception est exactement égale à la valeur équivalente normale du point moyen. Concernant la probabilité de ruine P_f calculée par *FORM* et *MCS*, le tableau (3.11) montre que tant que la probabilité de ruine est faible, le coefficient de variation correspondant est important ce qui indique l'imprécision de l'estimation de P_f (i.e. un plus grand nombre d'échantillons est nécessaire). Cependant, concernant les grandes probabilités de ruine correspondant aux grandes valeurs de la charge appliquée, elles semblent bien estimées par la *MCS* avec un coefficient de variation très faible. Pour le cas pratique F=3, la probabilité de ruine est égale à 7,73.10^{-4} et le *COV* correspondant est de 1,61% qui est plus petit que la valeur communément adoptée dans la littérature (i.e. 10%). Finalement, notons que la probabilité de ruine déterminée *via* l'approximation *FORM* est en bonne concordance avec celle obtenue à partir de la *MCS* pour différentes valeurs de la charge appliquée P_s. Ceci explique que la surface d'état limite dans ce cas est presque linéaire autour du point de conception, ce qui nous permet d'obtenir une bonne approximation en utilisant *FORM*.

Tableau 3.11 : Indice de fiabilité, point de conception, probabilité de ruine pour différentes valeurs de la charge appliquée

P_s (MN/m)	F	β_{HL}	GSI*	m_i*	σ_c* (MPa)	D*	P_f (FORM)	P_f (MCS)	COV (%) (MCS)
0,40	3,75	3,86	20,10	6,87	4,79	0,32	$5,77.10^{-5}$	$5,94.10^{-5}$	5,80
0,43	3,50	3,65	20,32	6,92	4,98	0,32	$1,32.10^{-4}$	$1,35.10^{-4}$	3,85
0,46	3,25	3,42	20,56	6,98	5,19	0,32	$3,08.10^{-4}$	$3,06.10^{-4}$	2,55
0,50	3,00	3,18	20,83	7,04	5,43	0,32	$7,27.10^{-4}$	$7,73.10^{-4}$	1,61
0,54	2,75	2,92	21,14	7,11	5,68	0,32	$1,74.10^{-3}$	$1,76.10^{-3}$	1,06
0,60	2,50	2,63	21,47	7,19	5,99	0,32	$4,21.10^{-3}$	$4,25.10^{-3}$	0,68
0,66	2,25	2,32	21,85	7,27	6,35	0,31	$1,02.10^{-2}$	$1,03.10^{-2}$	0,44
0,74	2,00	1,96	22,28	7,37	6,77	0,31	$2,48.10^{-2}$	$2,51.10^{-2}$	0,28
0,85	1,75	1,56	22,79	7,49	7,29	0,31	$5,94.10^{-2}$	$5,98.10^{-2}$	0,18
0,99	1,50	1,09	23,39	7,62	7,94	0,30	$1,37.10^{-1}$	$1,38.10^{-1}$	0,11
1,19	1,25	0,54	24,12	7,78	8,78	0,30	$2,93.10^{-1}$	$2,95.10^{-1}$	$6,92.10^{-2}$
1,49	1,00	-0,13	25,06	7,98	9,93	0,30	$5,52.10^{-1}$	$5,53.10^{-1}$	$4,02.10^{-2}$
1,99	0,75	-1,00	26,33	8,24	11,65	0,29	$8,41.10^{-1}$	$8,42.10^{-1}$	$1,94.10^{-2}$
2,98	0,50	-2,22	28,26	8,62	14,57	0,29	$9,87.10^{-1}$	$9,87.10^{-1}$	$5,13.10^{-3}$
4,96	0,30	-3,76	30,98	9,12	19,26	0,28	1,00	1,00	$4,25.10^{-4}$

IV.3.1.4   Dimensionnement fiabiliste

L'approche déterministe conventionnelle utilisée dans le dimensionnement des fondations superficielles soumises à un chargement vertical centré consiste à prescrire un facteur de sécurité cible (généralement F_p=3) sans tenir compte des vraies incertitudes liées aux paramètres d'entrées. Récemment, une approche de dimensionnement fiabiliste a été proposée par Phoon et al. 2003. Cette approche permet de prendre en compte de manière rationnelle les incertitudes inhérentes des paramètres d'entrés. Elle est employée dans cette section. La 'largeur probabiliste' B_0 de la fondation dans ce cas est calculée en adoptant un indice de fiabilité cible de 3,8. Notons que cette valeur est suggérée dans EN 1990:2002 – Eurocode : Basis of Design sur lequel l'Eurocode 7 et les autres Eurocodes sont basés (Orr et Breysse 2008) pour l'analyse à l'ELU. La fonction de performance utilisée dans cette section est $G=q_u−A$, où A est égal au tiers de la capacité portante ultime calculée en utilisant les valeurs moyennes des variables aléatoires. Le méta-modèle de la capacité portante ultime déduit à partir du *PCE* d'ordre 6 est utilisé et l'indice de fiabilité Hasofer-Lind β_{HL} est employé pour calculer la fiabilité de la fondation. Pour une configuration donnée des variables aléatoires, l'indice de fiabilité Hasofer-Lind est calculé pour différentes valeurs de la largeur de fondation et ce, par minimisation par rapport aux différentes variables aléatoires. La largeur de la fondation correspondant à l'indice de fiabilité cible de 3,8 est la largeur probabiliste de la fondation.

La figure (3.24) présente la largeur probabiliste de la fondation en fonction du coefficient de corrélation $\rho(GSI, \sigma_c)$ pour trois cas de *COV* des variables aléatoires d'entrées et pour le cas des variables non normales. Le "*COV* standard" correspond aux coefficients de variation présentés dans le tableau (3.6). Les "*COV* petits" et "*COV* élevés" correspondent aux valeurs de "*COV* standard" diminuées et augmentées de 40% respectivement. Cette figure présente aussi la largeur déterministe correspondant à un facteur de sécurité de 3. La largeur probabiliste de la fondation augmente avec l'augmentation de $\rho(GSI, \sigma_c)$ et l'augmentation dans les coefficients de variation des variables aléatoires. Ces résultats nous permettent d'observer que la largeur déterministe de la fondation peut être plus grande ou plus petite que celle probabiliste, dépendant des incertitudes des variables aléatoires et de la valeur du coefficient de corrélation.

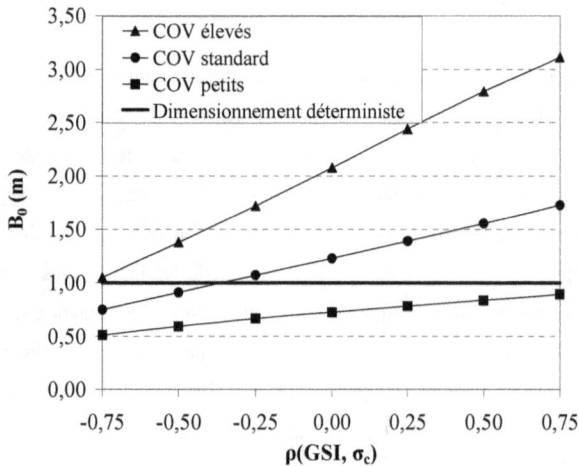

Figure 3.24 : Comparaison entre les dimensionnements fiabiliste et déterministe

IV.3.2 Cas du chargement incliné

La figure (3.25) présente le diagramme d'interaction (V, H) utilisant les valeurs moyennes des paramètres de Hoek-Brown présentés dans le tableau (3.6). A partir de cette figure, on peut observer que la valeur maximum de H (H_{max}=0,267MN/m) est obtenue pour une inclinaison de charge α=23°.

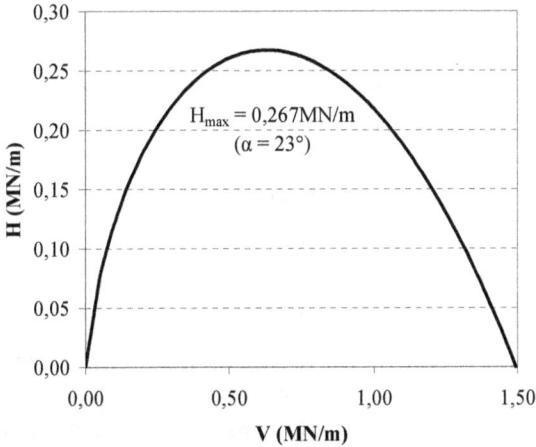

Figure 3.25 : Diagramme d'interaction pour le cas d'un chargement incliné

La figure (3.26) montre les *PDF* de la capacité portante pour différentes valeurs de l'inclinaison de charge α. On peut voir que la variabilité de la capacité portante de la fondation est significative dans le cas des petites inclinaisons de la charge α et elle diminue quand α augmente. Ceci peut s'expliquer par le fait que la réponse considérée dans l'analyse est la capacité portante de la fondation. Ainsi, il serait logique d'avoir une plus grande variabilité quand le poinçonnement du sol (et pas le glissement de la fondation) est plus prédominant.

Une autre explication peut être donnée par l'observation des mécanismes de rupture montrés dans la figure (3.27). On peut remarquer que la taille du mécanisme de rupture est petite dans le cas de grandes valeurs de l'inclinaison de charge α où le glissement de la fondation est prédominant. Cependant, cette taille augmente avec la diminution de α où le poinçonnement est prédominant. La taille du mécanisme de rupture est maximale dans le cas de la charge verticale (α=0°). Lorsque le mécanisme

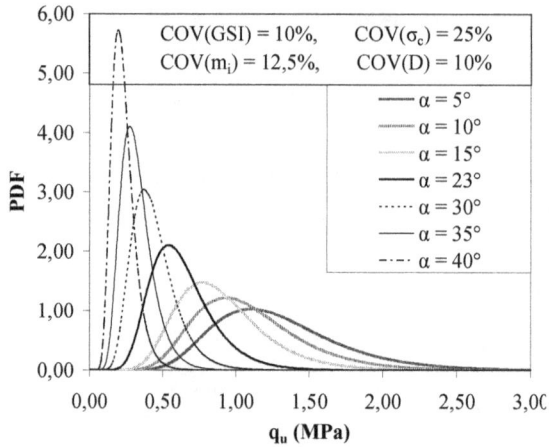

Figure 3.26 : PDF de la capacité portante pour différents cas de l'inclinaison de charge

de rupture est petit (i.e. le glissement est prédominant), la variation des paramètres de Hoek-Brown (*GSI*, m_i, σ_c et *D*) n'a pas d'effet significatif sur la capacité portante de la fondation. Cependant, quand ce mécanisme est grand (i.e. le poinçonnement est prédominant), une petite variation dans les paramètres de Hoek-Brown entraîne un effet significatif sur la capacité portante de la fondation.

Enfin, il est à noter que pour les différentes valeurs de l'inclinaison de charge α considérées dans la figure (3.26), les *COV* de la capacité portante sont les mêmes (cf. Tableau 3.12). Ceci peut s'expliquer par le fait que les coefficients de variation et le coefficient de corrélation des variables aléatoires d'entrées (*GSI*, m_i, σ_c et *D*) sont les mêmes pour toutes les inclinaisons du chargement.

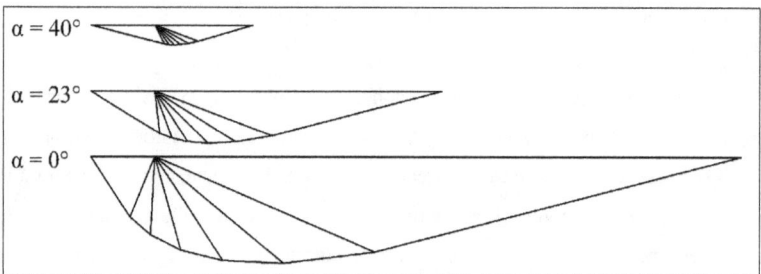

Figure 3.27 : Mécanisme de rupture pour différents cas de l'inclinaison de charge

Tableau 3.12 : Moments statistiques de la capacité portante pour différents cas de l'inclinaison de charge

Inclinaison de charge α (°)	5	10	15	23	30	35	40
μ	1,3032	1,1004	0,9090	0,6367	0,4405	0,3260	0,2325
σ	0,4443	0,3758	0,3104	0,2178	0,1509	0,1119	0,0800
COV%	34,1	34,2	34,2	34,2	34,3	34,3	34,4
κ	1,0627	1,0672	1,0693	1,0698	1,0709	1,0712	1,0742
δ	2,0710	2,0928	2,1113	2,0969	2,1051	2,095	2,1153

V   Conclusion

Dans ce chapitre, une analyse probabiliste à l'*ELU* d'une fondation superficielle filante reposant sur un massif de sol ou un massif rocheux de type Hoek-Brown a été effectuée. Des modèles déterministes basés sur la méthode cinématique de l'analyse limite sont utilisés. La méthode *SRSM* est employée dans l'étude probabiliste. Pour le cas d'un massif de sol, la fondation est soumise à une charge inclinée. Les incertitudes considérées sont liées aux caractéristiques mécaniques du sol et aux chargements appliqués à la fondation. La réponse du système adoptée dans l'analyse probabiliste est le facteur de sécurité défini vis-à-vis des caractéristiques mécaniques du sol. Pour le cas d'un massif rocheux, la fondation est soumise à une charge centrée (verticale ou inclinée). Les incertitudes considérées dans ce cas sont les paramètres du critère de rupture de Hoek-Brown. La réponse du système adoptée dans l'analyse probabiliste est la capacité portante ultime de la fondation. Notons enfin que tous les paramètres incertains sont modélisés comme des variables aléatoires.

Les résultats marquant dans le cas d'un massif de sol sont les suivants :
- L'utilisation du facteur de sécurité F_s défini vis-à-vis des paramètres de cisaillement du sol c et *tanφ* nous permet de calculer rigoureusement la probabilité de ruine pour une configuration (V, H) donnée puisqu'on n'a pas besoin d'effectuer un calcul de probabilité de système basé sur les valeurs de la fiabilité des deux composantes (glissement de la fondation et poinçonnement du sol) ;
- Bien que l'approche déterministe soit capable de déterminer la ligne séparant les zones de prédominance du glissement de la fondation et du poinçonnement du sol,

cette possibilité est limitée à l'étude considérant l'aléa du sol. Dans le cas où l'incertitude du chargement est prise en compte dans l'analyse, on ne peut plus déterminer la ligne séparant ces deux zones en utilisant l'approche déterministe ; une analyse probabiliste est nécessaire dans ce cas. Dans le diagramme d'interaction, la zone de prédominance du glissement de la fondation est beaucoup plus petite que celle de prédominance du poinçonnement du sol lorsque seules les incertitudes du sol sont considérées. A l'opposé, cette zone occupe presque la moitié du diagramme d'interaction quand on considère seulement les incertitudes de la charge dans l'analyse ;

- L'analyse de sensibilité globale utilisant les indices de Sobol a montré que pour les valeurs adoptées des paramètres statistiques des variables aléatoires (qui sont censées être les valeurs les plus fréquemment rencontrées dans la pratique), la composante horizontale du chargement a le plus grand poids dans la variabilité du facteur de sécurité dans la zone de prédominance du glissement de la fondation. D'un autre côté, l'angle de frottement interne du sol a le plus grand poids dans la variabilité du facteur de sécurité dans la zone de prédominance du poinçonnement du sol.

- Il a été observé qu'une corrélation élevée existe entre une variable aléatoire d'entrée et la réponse du système (F_s) lorsque l'indice de Sobol de cette variable est significatif ;

- Dans les deux zones de prédominance du glissement de la fondation et du poinçonnement du sol, la valeur de la moyenne probabiliste de la réponse du système demeure presque la même avec l'augmentation du COV des différentes variables aléatoires. Elle est proche de sa valeur déterministe calculée en utilisant les valeurs moyennes des variables aléatoires. Ceci signifie que l'aléa des variables d'entrées conduit à une variabilité de la réponse du système qui est centrée sur sa valeur déterministe. La variabilité de la réponse du système augmente avec l'augmentation de COV des variables aléatoires et elle est très sensible à la variation de $COV(H)$ dans la zone du glissement de la fondation et à la variation de $COV(\varphi)$ dans la zone du poinçonnement du sol. La variabilité de F_s a été trouvée plus significative dans la zone de prédominance du glissement par rapport à celle dans la zone de prédominance du poinçonnement ;

- Il a été observé que les paramètres d'entrées pour lesquels leurs COV ont une grande influence sur la variabilité de la réponse du système, sont les mêmes que ceux qui ont la contribution la plus grande dans la variabilité de cette réponse (obtenus en utilisant les indices de Sobol) ;

- L'augmentation/diminution du *COV* de l'une des variables aléatoires induit l'augmentation/diminution dans l'indice de Sobol de cette variable (i.e. dans son "poids" dans la variabilité de la réponse), et elle induit aussi une diminution/augmentation dans les indices de Sobol des autres variables. La variation de l'indice de Sobol est significative pour les variables ayant le poids le plus grand dans la variabilité de la réponse du système (i.e. *H* pour la zone de prédominance du glissement de la fondation et φ pour la zone de prédominance du poinçonnement du sol) ;

- La non normalité de la fonction de densité de probabilité des variables aléatoires n'a pratiquement pas d'effet sur le *PDF* de F_s ;

- Dans les deux zones de prédominance du glissement et du poinçonnement, l'augmentation dans le coefficient de corrélation entre *c* et φ dans l'intervalle [−0,5, 0] augmente la variabilité de la réponse F_s. Par conséquent, l'hypothèse de variables non corrélées (quand l'information rigoureuse sur la corrélation est absente) est conservative par rapport à celle des variables corrélées.

- Pour les configurations pratiques de la charge appliquée à la fondation, la variabilité de F_s exprimée sous forme adimensionnelle ne change pas avec l'augmentation de l'inclinaison de charge α lorsqu'on considère seulement les incertitudes du sol. Cependant, cette variabilité augmente significativement avec α, surtout quand $\alpha>10°$, si l'on considère les incertitudes du chargement ou les incertitudes du sol et du chargement. Aussi, on a montré que le mode de prédominance est étroitement lié aux incertitudes considérées dans l'analyse (i.e. celles du sol et/ou du chargement).

- Bien que ce chapitre considère seulement des modèles déterministes basés sur l'analyse limite, d'autres analyses probabilistes ont été effectuées en utilisant un modèle déterministe élasto-plastique. Les tendances des résultats obtenus sont similaires à celles du modèle d'analyse limite et sont présentées succinctement dans l'annexe I.

Les résultats marquants pour le cas d'une fondation filante reposant sur un massif rocheux et soumise à un chargement vertical centré sont les suivants :

- La variabilité de la capacité portante ultime q_u de la fondation augmente avec l'augmentation de *COV* des variables aléatoires ; *GSI* et σ_c ayant le plus grand effet ;

113

- L'hypothèse de variables négativement corrélées rend le *PDF* de la capacité portante ultime moins étendu par rapport au cas des variables non corrélées ;

- La non-normalité des variables aléatoires d'entrées a un impact significatif sur la forme du *PDF* de q_u. Il n'y a presque pas d'effet sur la moyenne et l'écart-type de la réponse du système et par conséquent, pas d'effet sur le coefficient de variation de cette réponse ;

- L'augmentation de *COV* d'une certaine variable augmente son indice de Sobol (i.e. elle augmente son poids dans la variabilité de la réponse du système) et diminue les indices de Sobol des autres variables ;

- La largeur probabiliste de la fondation basée sur un dimensionnement fiabiliste (*RBD*) peut être plus grande ou plus petite que la largeur déterministe suivant les valeurs des caractéristiques statistiques des paramètres d'entrées.

- Finalement, pour le cas d'un chargement incliné, il a été trouvé que la variabilité de la capacité portante ultime diminue avec l'augmentation de l'inclinaison de charge de fondation α. Cependant, le coefficient de variation de cette capacité portante ultime est constant indépendamment de α.

Conclusion générale

Les résultats présentés dans ce mémoire montrent l'intérêt des analyses fiabiliste et probabiliste, par rapport aux approches déterministes classiques utilisées par les ingénieurs. Afin d'aboutir à des résultats pertinents, ces analyses nécessitent non seulement des modèles déterministes rigoureux et des données statistiques plus fiables de chaque paramètre incertain, mais également des méthodes probabilistes qui sont robustes et qui permettent d'explorer le maximum d'informations sur la réponse aléatoire du système. Dans ce manuscrit, une analyse et un dimensionnement fiabilistes d'une fondation superficielle filante reposant sur un massif de sol ou un massif rocheux et soumise à un chargement centré ont été réalisés. Des modèles déterministes basés sur des mécanismes de ruine en analyse limite et des simulations numériques sous $FLAC^{3D}$ sont utilisés. La variabilité des propriétés du sol et de la roche est modélisée par des variables aléatoires. L'état limite ultime ainsi que l'état limite de service de la fondation sont analysés. Le calcul de la fiabilité de la fondation est effectué à l'aide de l'indice de fiabilité de Hasofer-Lind. La probabilité de ruine est déterminée par les méthodes RSM et $SRSM$.

Dans un premier temps, une analyse fiabiliste d'une fondation filante reposant sur un massif de sol et soumise à un chargement incliné est effectuée. Des modèles déterministes élasto-plastiques ont été utilisés. Seuls les paramètres incertains du sol sont considérés dans l'analyse. La méthode des surfaces de réponse a été employée. Les résultats les plus marquants dans ce cas d'étude sont les suivants :

- A l'ELU, les résultats numériques déterministe et probabiliste ont montré qu'il y a une inclinaison de charge optimale dans le diagramme d'interaction (V, H) qui divise ce diagramme en deux zones où un seul mode de rupture (poinçonnement du sol ou glissement de la fondation) est prédominant. Cette inclinaison correspond aux configurations de charge pour lesquelles le facteur de sécurité est maximal et la probabilité de ruine est minimale par rapport à toutes les configurations de charge ayant la même valeur de la composante horizontale H de la charge appliquée. Dans le diagramme d'interaction, ces configurations de charge optimales se situent sur la droite reliant l'origine et le point maximum de ce diagramme ;

- A l'*ELS*, l'analyse fiabiliste a montré que l'inclinaison de charge optimale conduisant à la probabilité de défaillance minimale du système correspond exactement à la probabilité de ruine obtenue à l'*ELU*. Ceci correspond au mouvement minimum du centre de la fondation. L'étude de ce problème n'était pas possible avec une approche déterministe et ceci indique le mérite de l'utilisation de l'approche fiabiliste ;

- Une analyse de sensibilité a montré que (i) la corrélation entre les paramètres de cisaillement du sol augmente la fiabilité du système sol-fondation ; cependant, la non-normalité de la loi de distribution de probabilité de ces variables n'a pas d'effet significatif, et (ii) la fiabilité du système sol-fondation est plus sensible à l'angle de frottement φ qu'à la cohésion c. En ce qui concerne l'effet de l'inclinaison de charge α sur la composante verticale de la charge ultime V_u, la variabilité de cette dernière est liée au poinçonnement du sol et devient très importante quand on est dans le cas d'un chargement centré (i.e. $\alpha=0°$) ;

Dans un second temps, une analyse probabiliste d'une fondation filante soumise à un chargement incliné (pour le cas d'un massif de sol) et centré (pour le cas d'un massif rocheux) a été effectuée. Les modèles déterministes sont basés sur des mécanismes de ruine en analyse limite. Les paramètres incertains liés aux caractéristiques du sol (ou de la roche) ainsi que ceux liés au chargement appliqué à la fondation ont été considérés dans l'analyse. La méthode des surfaces de réponse stochastique a été utilisée dans cette analyse probabiliste.

Les résultats obtenus dans le cas d'un massif de sol sont les suivants :
- L'utilisation du facteur de sécurité F_s défini vis-à-vis des paramètres de cisaillement du sol c et $tan\varphi$ nous a permis de calculer rigoureusement la probabilité de ruine pour une configuration (V, H) donnée puisqu'on n'a pas besoin d'effectuer un calcul de probabilité de système basé sur les valeurs de la fiabilité des deux composantes (glissement de la fondation et poinçonnement du sol) ;
- Bien que l'approche déterministe soit capable de déterminer la ligne séparant les zones de prédominance du glissement de la fondation et du poinçonnement du sol, cette possibilité est limitée à l'étude considérant l'aléa du sol. Dans le cas où l'incertitude du chargement est prise en compte dans l'analyse, on ne peut plus déterminer la ligne séparant ces deux zones en utilisant l'approche déterministe ; une

analyse probabiliste est nécessaire dans ce cas. Dans le diagramme d'interaction, la zone de prédominance du glissement de la fondation est beaucoup plus petite que celle de prédominance du poinçonnement du sol lorsque seules les incertitudes du sol sont considérées. A l'opposé, cette zone occupe presque la moitié du diagramme d'interaction quand on considère seulement les incertitudes de la charge dans l'analyse ;

- La variabilité de F_s a été trouvée plus significative dans la zone de prédominance du glissement par rapport à celle dans la zone de prédominance du poinçonnement ;

- Il a été observé que les paramètres d'entrées pour lesquels leurs COV ont une grande influence sur la variabilité de la réponse du système, sont les mêmes que ceux qui ont la contribution la plus grande dans la variabilité de cette réponse (obtenus en utilisant les indices de Sobol) ;

- L'augmentation/diminution du COV de l'une des variables aléatoires induit l'augmentation/diminution dans l'indice de Sobol de cette variable, et elle induit aussi une diminution/augmentation dans les indices de Sobol des autres variables. La variation de l'indice de Sobol est significative pour les variables ayant le poids le plus grand dans la variabilité de la réponse du système (i.e. H pour la zone de prédominance du glissement de la fondation et φ pour la zone de prédominance du poinçonnement du sol) ;

- Pour les configurations pratiques de la charge appliquée à la fondation, la variabilité de F_s exprimée sous forme adimensionnelle ne change pas avec l'augmentation de l'inclinaison de charge α lorsqu'on considère seulement les incertitudes du sol. Cependant, cette variabilité augmente significativement avec α, surtout quand $\alpha > 10°$, si l'on considère les incertitudes du chargement ou les incertitudes du sol et du chargement. Aussi, on a montré que le mode de prédominance est étroitement lié aux incertitudes considérées dans l'analyse (i.e. celles du sol et/ou du chargement).

Les résultats marquants pour le cas d'une fondation filante reposant sur un massif rocheux et soumise à un chargement centré sont les suivants :

- La variabilité de la capacité portante ultime q_u de la fondation augmente avec l'augmentation de COV des variables aléatoires ; GSI et σ_c ayant le plus grand effet ;

- L'hypothèse de variables négativement corrélées rend le PDF de la capacité portante ultime moins étendu par rapport au cas des variables non corrélées ;

117

- La non-normalité des variables aléatoires d'entrées a un impact significatif sur la forme du *PDF* de q_u mais elle n'a pas d'effet sur la valeur du coefficient de variation de cette réponse ;

- La variabilité de la capacité portante ultime diminue avec l'augmentation de l'inclinaison de charge de fondation α. Cependant, le coefficient de variation de cette capacité portante ultime est constant indépendamment α.

Perspectives

Les perspectives du travail effectué dans ce mémoire peuvent être résumés comme suit :

- Effectuer une analyse fiabiliste et probabiliste d'une fondation superficielle filante soumise à un chargement centré à l'*ELU* et à l'*ELS* en tenant en compte de la variabilité spatiale des propriétés du sol ou de la roche. Dans ce cas, la méthode *SRSM* est difficilement applicable dans sa version actuelle à cause du grand nombre de variables aléatoires obtenus lors de la discrétisation des champs aléatoires ; la combinaison de cette méthode avec d'autres méthodes tele que celle du polynôme creux est nécessaire.

Références bibliographiques

1. Alonso E. (1976). "Risk analisys of slopes and its application to slopes in canadian sensitive clays." *Geotechnique*, **26**(3), 453-472.

2. Baecher, G.B. et Christian, J.T. (2003). *Reliability and Statistics in Geotechnical Engineering*. Wiley, 605p.

3. Baghery S. (1980). "Probabilités et statistiques en mécanique des sols – analyse probabiliste de la stabilité et des tassements de remblais sur sols compressibles." *Thèse Ecole Nationale des Ponts et chaussées de Paris*.

4. Baecher, G.B., Marr, W.A., Lin, J.S. et Consla, J. (1983). "Critical parameters of mine tailings embankments." Denver, CO, U.S., Bureau of Mines.

5. Bauer, J. et Pula, W. (2000). "Reliability with respect to settlement limit-states of shallow foundations on linearly-deformable subsoil." *Computers and Geotechnics*, **26**, 281-308.

6. Benmansour, A., Auvinet, G. et Soubra, A.-H. (1997). "Reliability approach to buried pipes behavior." *Revue Française de géotechnique*, **80**, 3ème trimestre, 65-78.

7. Berveiller, M., Sudret, B. et Lemaire, M. (2006). "Stochastic finite elements: a non intrusive approach by regression." *Rev. Eur. Méca. Num.*, **15**(1, 2, 3), 81-92.

8. Bhattacharya, G., Jana, D., Ojha, S. et Chakraborty, S. (2003). "Direct search for minimum reliability index of earth slopes." *Computers and Geotechnics*, **30**, 455-462.

9. Boissier, D., Bacconnet, C. et Alhajjar, J. (2005). "Autour du hazard et dans le sol." *Revue Française de la géotechnique*, **112**, 3ième trimestre, 11-20.

10. Brown, E.T. (2008). "Estimating the Mechanical Properties of Rock Masses." In: Potvin Y, Carter J, Dyskin A, Jeffrey R, editors. Proceedings of the 1st southern hemisphere international rock mechanics symposium: SHIRMS, Perth, Western Australia, **1**, 3-21.

11. Bucher, C.G. et Bourgund, U. (1990). "A fast and efficient response surface approach for structural reliability problems." *Structural safety*, **7**, 57-66.

12. Cassan M. (1979). "Filtration dans les cavités souterraines. Application à l'épuisement des fouilles superficielles." Annales de l'ITBTP, Paris, Avril-Mai 1979.

13. Cherubini, C. (2000). "Reliability evaluation of shallow foundation bearing capacity on c', φ' soils." *Canadian Geotechnical Journal*, **37**, 264-269.

14. Cherubini, C., Giasi, I. et Rethati, L. (1993). "The coefficient of variation of some geotechnical parameters." *Probabilistic Methods in Geotechnical Engineering*. Edited by Li, K.S., et Lo, S-C.R., A.A. Balkema, Rotterdam, 179-183.

15. Chowdhury, R.N. et Xu, D.W. (1993). "Rational polynomial technique in slope-reliability analysis." *Journal of Geotechnical Engineering, ASCE*, **119**(12), 1910-1928.

16. Chowdhury, R.N., et Xu, D.W. (1995). "Geotechnical system reliability of slopes." *Reliability Engineering and System Safety*, **47**, 141-151.

17. Christian, J.T., Ladd, C. et Baecher, G. (1994). "Reliability applied to slope stability analysis." *Journal of Geotechnical Engineering, ASCE*, **120**(12), 2180-2207.

18. Collins, I.F., Gunn, C.I.M., Pender, M.J. et Yan, W. (1988). "Slope stability analyses for materials with a nonlinear failure envelope." *Int. J. Num. Anal. Methods Geomech.*, **12**, 533-550.

19. Cornell, C.A. (1969). "A probability-based structural code." *Journal of the American Concrete Institute*, **66**, 974–985

20. Das, P.K. et Zheng, Y. (2000). "Cumulative formation of response surface and its use in reliability analysis." *Probabilistic Engineering Mechanics*, **15**, 309-315.

21. Ditlevsen, O. (1981). *Uncertainty Modelling: With Applications to Multidimensional Civil Engineering Systems*. McGraw-Hill, New York, 412p.

22. Duncan, J.M. (2000). "Factors of Safety and Reliability in Geotechnical Engineering." *Journal of Geotechnical and Geoenvironmental Engineering, ASCE*, **126**(4), 307-316.

23. Dubost, J. (2009). "Variabilité et incertitudes en géotechnique: de leur estimation à leur prise en compte." *Thèse Université Bordeaux 1*, 327p

24. Duprat, F., Sellier, A. et Lacarrière, L. (2004). "Evaluation probabiliste du risque de corrosion par carbonatation." *Revue Française de Génie Civil*, **8**(8), 975-997.

25. Ejezie, S. et Harrop-Williams, K. (1984). "Probabilistic characterization of Nigerian soils." *In Probabilistic Characterization of Soil Properties, Bridge Between Theory and Practice, ASCE*, 140-156.

26. Eurocode 7. *Calcul géotechnique*. XP ENV 1997-1.

27.   Failmezger, A. (2001). "Discussions on Factor of safety and reliability in geotechnical emgineering." *Journal of Geotechnical and Geoenvironmental Engineering*, 703-704.

28.   Fenton, G.A. et Griffiths, D.V. (2002). "Probabilistic foundation settlement on spatially random soil." *Journal of Geotechnical and Geoenvironmental Engineering, ASCE,* **128**(5), 381-390.

29.   Fenton, G.A. et Griffiths D.V. (2003). "Bearing capacity prediction of spatially random C-φ soils." *Canadian Geotechnical Journal*, **40**, 54-65.

30.   Fenton, G.A. et Griffiths, D.V. (2005). "Three-Dimensional probabilistic foundation settlement." *Journal of Geotechnical and Geoenvironmental Engineering, ASCE*, **131**(2), 232-239.

31.   FLAC^{3D} (1993) – *Fast Lagrangian Analysis of Continua*. ITASCA Consulting Group, Inc., Minneapolis, Minn.

32.   Fredlund, D.G. et Dahlman, A.E. (1972). "Statistical geotechnical properties of glacial lake Edmonton sediments." *In Statistics and Probability in Civil Engineering*, Hong Kong University Press.

33.   Griffiths D.V. et Fenton, G.A. (2001). "Bearing capacity of spatially random soil: the undrained clay Prandtl problem revisited." *Géotechnique*, **51**(4), 351-359.

34.   Griffiths, D.V., Fenton, G.A. et Manoharan, N. (2002). "Bearing capacity of rough rigid strip footing on cohesive soil: Probabilistic study." *Journal of Geotechnical and Geoenvironmental Engineering, ASCE*, **128**(9), 743-755.

35.   Haldar, A. et Mahadevan, S. (2000). *Reliability assessment using stochastic finite element analysis*. John Wiley and Sons, New York, 328p.

36.   Haldar, A. et Mahadevan, S. (2000). *Probability, Reliability and Statistical Methods in Engineering Design*. John Wiley and Sons, New York, 304p.

37.   Harr, M.E. (1977). *Mechanics of particulate media: a probabilistic approach*. McGraw-Hill, New York, 543 pages.

38.   Harr, M. E. (1987). *Reliability-based design in civil engineering*. McGraw-Hill Book Company, New York, 290p.

39.   Hasofer, A.M. et Lind, N.C. (1974). "Exact and invariant second-moment code format." *Journal of Engineering Mechanics, ASCE*, **100**(1), 111-121.

40.   Hassan, A. et Wolff, T. (1999). "Search algorithm for minimum reliability index of earth slopes." *Journal of Geotechnical and Geoenvironmental Engineering, ASCE*, **125**(4), 301-308.

41.   Hoek, E. (1998). "Reliability of Hoek-Brown estimates of rock mass properties and their impact on design." *Technical note. Int. J. Rock Mech. Mining Sci.*, **35**, 63-68.

42.   Hoek, E. et Brown, E.T. (1980). "Empirical strength criterion for rock masses." *J. Geotech. Eng. Div*, **106**(GT9), 1013-35.

43.   Hoek, E. et Brown, E.T. (1997). "Practical estimates of rock mass strength." *Int. J. Rock Mech. Min.* Sci., **34**(8), 1165-86.

44.   Hoek, E. et Franklin, J.A. (1968). "A simple triaxial cell for field and laboratory testing of rock." *Trans. Instn Min. Metall.*, **77**, A22-26.

45.   Hoek, E. et Marinos, P. (2007). "A brief history of the development of the Hoek-Brown failure criterion." *Soils Rocks*, **30**(2), 85-92.

46.   Huang, S.P., Liang, B. et Phoon, K.K. (2009): "Geotechnical Probabilistic Analysis by Collocation-based Stochastic Response Surface Method: An EXCEL Add-in Implementation." *Georisk 2009*; **3**(2): 75-86

47.   Isukapalli, S.S. (1999). "An uncertainty analysis of transport-transformation models." *PhD thesis, the State University of New Jersey*, New Brunswick, New Jersey.

48.   Isukapalli, S.S., Roy, A. et Georgopoulos, P.G. (1998): "Stochastic response surface methods (SRSMs) for uncertainty propagation: Application to environmental and biological systems." *Risk Analysis*, **18**(3), 357-363.

49.   Kim, S.-H. et Na, S.-W. (1997). "Response surface method using vector projected sampling points." *Structural Safety*, **19**(1), 3-19.

50.   Kotzia, P.C., Stamatopoulos, A.C. et Kountouris, P.J. (1993). "Field quality control on earth dam: statistical graphics for gauging." *Journal of Geotechnical engineering, ASCE*, **119**(5), 957-964.

51.   Kulhawy, F.H. (1992). "On evaluation of statistic soil properties." *In stability and performance of slopes and embankments II (GSP31), ASCE*, Edited by seed, R.B. and Boulanger, R.W., New York, 95-115.

52.   Lacasse, S. et Nadim, F. (1996). "Uncertainties in characterizing soil properties." *Uncertainty in the Geologic Environment, ASCE*, Madison, 49-75.

53.   Lee, I.K., White, W. et Ingles, O.G. (1983). *Geotechnical Engineering.* Pitman, London, England.

54.   Lemaire, M. (2005). *Fiabilité des structures.* Hermes, Lavoisier, Paris, 506p.

55.   Liang, R.Y., Nusier, O.K. et Malkawi, A.H. (1999). "A reliability based approach for evaluating the slope stability of embankment dams." *Engineering Geology*, **54**, 271-285.

56.   Low, B.K. (1997). "Reliability analysis of rock wedges." *Journal of Geotechnical and Geoenvironmental Engineering, ASCE*, **123**(6), 498-505.

57.   Low, B.K. et Einstein, H.H. (1991). "Simplified reliability analysis for wedge mechanisms in rock slopes." *Landslides, Bell (ed.)*, Balkema, 499-507.

58.   Low, B.K. et Phoon, K.K. (2002). "Practical first-order reliability computations using spreadsheet." *Proc. Probabilistics in Geotechnics, Technical and Economic Risk Estimation*, Graz, September 15-19, 39-46.

59.   Low, B.K. et Tang, W.H. (1997). "Probabilistic slope analysis using Janbu's generalized procedure of slices." *Computers and Geotechnics*, **21**(2), 121-142.

60.   Low, B.K. et Tang, W.H. (1997). "Reliability analysis of reinforced embankments on soft ground." *Canadian Geotechnical Journal*, **34**, 672-685.

61.   Low, B.K. et Tang, W.H. (2004). "Reliability analysis using object-oriented constrained optimization." *Structural Safety*, **26**, 69-89.

62.   Lumb, P. (1966). "The variability of natural soils." *Canadian Geotechnical Journal*, **3**, 74-97.

63.   Lumb, P. (1970). "Safety factors and the probability distribution of soil strength." *Canadian Geotechnical Journal*, **7**, 225-242.

64.   Lumb, P. (1972). "Precision and accuracy of soil tests." *In Statistics and Probability in Civil Engineering*, Hong Kong University Press.

65.   Maghous, S., De Buhan, P. et Bekaert, A. (1998). "Failure design of jointed rock structures by means of a homogenization approach." *Mech. Cohesive-Frictional Mater.*, **3**, 207-228

66.   Malkawi, A.H., Hassan, W. et Adbulla, F. (2000). "Uncertainty and reliability analysis applied to slope stability." *Structural Safety*, **22**, 161-187.

67.   Mao, N., Al-Bittar, T. et Soubra, A.-H. (2011a). "Probabilistic and design of strip foundations resting on rocks obeying Hoek-Brown failure criterion." *International Journal of Rock Mechanics and Mining Sciences*, **49**(1), 45-58.

68.   Mao, N., Al-Bittar, T. et Soubra, A.-H. (2011b). "Probabilistic analysis of shallow foundations on rocks obeying Hoek-Brown failure criterion." *GeoRisk 2011*, Geo-Institute of ASCE, Geohazards and Risk Assessment and Management, Atlanta, Georgia, USA.

69.   MATLAB 7.6 – The Mathworks Inc., Natick, MA.

70.   Melchers, R.E. (1999). *Structural Reliability: Analysis and Prediction*. Ellis Horwood Ltd., Chichester, U. K., 437p.

71.   Meyerhof, G.G. (1951). "The ultimate bearing capacity of foundations." *Géotechnique, ICE*, **2**, 301–332.

72.   Mollon, G., Dias, D. et Soubra, A.-H. (2011). "Probabilistic analysis of pressurized tunnels against face stability using collocation-based stochastic response surface method." *Geotech. & Geoenv. Engrg., ASCE*, in press.

73.   Morse, R.K. (1972). "The importance of proper soil units for statistical analysis." *In Statistics and Probability in Civil Engineering*, Hong Kong University Press.

74.   Nour, A., Slimani, A. et Laouami N. (2002). "Foundation settlement statistics via finite element analysis." *Computers & Geotechnics*, **29**, 641–672.

75.   Orr, T.L.L. et Breysse, D. (2008). Eurocode 7 and reliability based design. *Reliability-based design in geotechnical engineering: computations and applications*, chapter 8 (ed. K.K. Phoon). London/New York: Taylor & Francis.

76.   Phoon, K.K. et Huang, S.P. (2007): Geotechnical probabilistic analysis using collocation-based stochastic response surface method. Applications of Statistics and Probability in Civil Engineering – Kanda, Takada & Furuta (eds), Tokyo.

77.   Phoon, K.K. et Kulhawy, F.H. (1996). "On quantifying inherent soil variability." *Geotechnical Earthquake Engineering and Soil Dynamics, ASCE*, Geotechnical Special Publication, **75**, 326-340.

78.   Phoon, K.K. et Kulhawy, F.H. (1999). "Characterization of geotechnical variability." *Canadian Geotechnical Journal*, **36**, 612-624.

79.   Phoon, K.K. et Kulhawy, F.H. (1999). "Evaluation of geotechnical property variability." *Canadian Geotechnical Journal*, **36**, 625-639.

80.   Phoon K.K., Kulhawy F.H. et Grigoriu M.D. (2003). Multiple resistance factor design for shallow transmission line structure foundations. J. Geotech. Geoenviron. Eng. **129**, 807-818

81.   Popescu, R., Prevost, J.H. et Deodatis, G. (1998). "Spatial variability of soil properties: two cases studies." *Geotechnical Earthquake Engineering and Soil Dynamics, ASCE*, Geotechnical Special Publication, **75**, 568-579.

82.   Popescu, R., Deodatis, G. et Nobahar, A. (2005). "Effects of random heterogeneity of soil properties on bearing capacity." *Probabilistic Engineering Mechanics*, **20**, 324-341.

83.   Przewlocki, J. (2005). "A stochastic approach to the problem of bearing capacity by the method of characteristics." *Computers & Geotechnics*, **32**, 370-376.

84. Saada, Z., Maghous, S. et Garnier, D. (2008). "Bearing capacity of shallow foundations on rocks obeying a modified Hoek–Brown failure criterion." *Comput. Geotech.*, **35**, 144–54.

85. Schultze, E. (1972). "Frequency distributions and correlations of soil properties, in Statistics and Probability in Civil Engineering." *Proc. 1st ICASP*, 389-424, distributed by Oxford University Press.

86. Singh A. (1972). "How reliable is the factor of safety in foundation engineering?" *Proc. 1st ICASP*, 371-388, distributed by Oxford University Press.

87. Sivakumar Babu, G.L. et Srivastava, A. (2007): "Reliability analysis of the allowable pressure on shallow foundation using response surface method." *Computer & Geotechinics*, **34**, 187-194.

88. Soubra, A.-H. (1999). "Upper-bound solutions for bearing capacity of foundations." *Journal of Geotechnical and Geoenvironmental Engineering, ASCE*, **125**(1), 59-68.

89. Soubra, A.-H et Mao, N. (2011). "Probabilistic analysis of obliquely loaded strip foundations using Polynomials Chaos Expansion methodology." *Soils and Foundations*, DOI: 10.1016/j.sandf.2012.05.010

90. Soubra, A.-H et Youssef Abdel Massih, D. (2010). "Probabilistic analysis and design at the ultimate limit state of obliquely loaded strip footings." *Géotechnique, ICE*, **60**(4), 275-285.

91. Sudret, B. (2008). "Global sensitivity analysis using polynomial chaos expansion." *Reliab. Eng. And System Safety*, **93**, 964-979.

92. Tandjiria, V., Teh, C.I. et Low, B.K. (2000). "Reliability analysis of laterally loaded piles using response surface methods." *Structural Safety*, **22**, 335-355.

93. Verdel, T. (2007). "Risques et incertitudes en géomécanique." *HDR Ecole des Mines de Nancy*, **88** pages.

94. Webster, M., Tatang, M. et McRae, G. (1996): "Application of the probabilistic collocation method for an uncertainty analysis of a simple ocean model." *Technical report*, MIT joint program on the science and policy of global change, Reports series no. 4, Massachusetts Institute of Technology.

95. Wolff, T.H. (1985). "Analysis and design of embankment dam slopes: A probabilistic approach." *Ph.D. thesis*, Purdue University, Lafayette, Ind.

96. Wolff, T.H. (1996). "Probabilistic slope stability in theory and practice." *Uncertainty in Geological Environment*, Madison, WI, *ASCE*, 419-433.

97. Xiu, D. et Karniadakis, G.E. (2002): "The Wiener-Askey polynomial chaos for stochastic differential equations." *Sci. Comput.*, **24**(2), 619-44

98. Yang X.L. et Yin J.H. (2005). "Upper bound solution for ultimate bearing capacity with a modified Hoek-Brown failure criterion." *Int. J. Rock. Mech. Mining Sci*, **42**, 550-60.

99. Yarahmadi Bafghi, A.R. et Verdel, T. (2005). "The Sarma-based key-group method for rock slope reliability analyses." *International Journal for Numerical and Analytical Methods in Geomechanics*, **29**(19), 1019-1043.

100. Youssef Abdel Massih, D. (2007). "Analyse du comportement des fondations superficielles filantes par des approches fiabilistes." *Thèse Université de Nantes*, 267 pages.

101. Youssef Abdel Massih, D. et Soubra A.-H. (2008). "Reliability-based analysis of strip footings using response surface methodology." *International Journal of Geomechanics, ASCE*, **8**(2), 134-143.

102. Youssef Abdel Massih, D., Soubra, A.-H. et Low, B.K. (2008). "Reliability-based analysis and design of strip footings against bearing capacity failure." *Journal of Geotechnical and Geoenvironmental Engineering, ASCE*, **134**(7), 917-928.

103. Youssef Abdel Massih, D., Soubra, A.-H. et Mao, N. (2010). "Reliability-based analysis of strip footings subjected to an inclined or an eccentric loading." *GeoFlorida 2010*. Geo-Institute of ASCE, Advances in analysis, Modelling & Design, West Palm Beach, Florida, USA.

104. Yuceman, M.S., Tang, W.H. et Ang, A.H.S. (1973). "A probabilistic study of safety and design of earth slopes." *Civil Engineering Studies, Structural Research Series 402*, University of Illinois, Urbana.

ANNEXE

ANNEXE A

A.1 Indice de Cornell β_c

Cet indice s'exprime comme étant le rapport entre la moyenne de la fonction de performance G et son écart-type (i.e. $\beta_C = \mu_G / \sigma_G$). Une interprétation graphique de cet indice est donnée dans la figure (1.5). En effet, l'indice de Cornell représente le nombre d'écart-type qui éloigne la moyenne de la fonction de performance de la surface d'état limite caractérisée par $G = 0$. L'indice de Cornell a été fréquemment adopté par les auteurs pour le calcul de la fiabilité en géotechnique. Plusieurs auteurs l'ont utilisé pour évaluer la fiabilité des talus ou des barrages en terre (Chowdhury et Xu 1993, 1995, Christian et al. 1994, Hassan et Wolff 1999, Liang et al. 1999, Malkawi et al. 2000, Bhattacharya et al. 2003) ; d'autres l'ont utilisé pour calculer la fiabilité des canalisations enterrées (Benmansour et al. 1997). L'inconvénient majeur de l'indice de Cornell est que sa valeur dépend de la forme de la fonction de performance dans le cas des états limites non linéaires ou des variables aléatoires non gaussiennes. Pour cela, l'indice de Hasofer-Lind a été introduit comme expliqué plus bas.

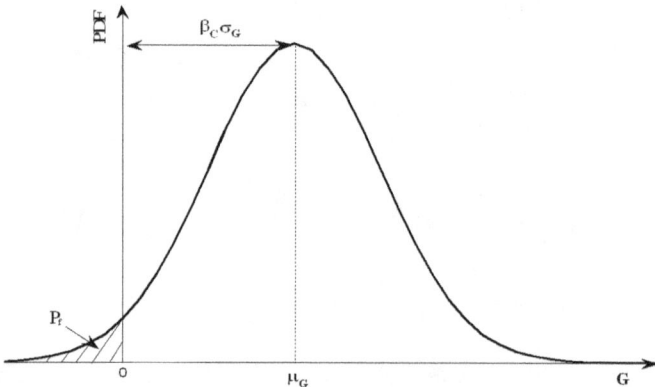

Figure A.1 : Interprétation graphique de l'indice de fiabilité de Cornell β_C

A.2   Indice de Hasofer-Lind β_{HL}

Pour pallier à la non-invariance de l'indice de Cornell, Hasofer et Lind (1974) ont proposé un autre indice qui est actuellement l'indice le plus utilisé pour la mesure de la fiabilité en géotechnique. Il est défini comme étant la distance minimale de l'origine du repère à la surface d'état limite dans l'espace des variables aléatoires normales standard non corrélées (i.e. normales centrées réduites non corrélées). Le calcul de cet indice est ramené à la résolution d'un problème d'optimisation, sous la contrainte $G(x_k) \leq 0$ comme suit :

$$\beta_{HL} = \min_{G=0}\{d(x_k)\} = \min_{G=0}\left(\sqrt{\sum_{i=1}^{n} x_i^2}\right) \tag{A.1}$$

où x_k est le vecteur des variables aléatoires dans l'espace des variables aléatoires normales standard non corrélées.

On a déjà vu au paragraphe précédent que l'approche classique pour le calcul de l'indice de fiabilité β_{HL} consiste à ramener la surface d'état limite dans un espace de variables aléatoires non corrélées, normales, centrées et réduites. La décorrélation s'effectue par une rotation des axes du repère physique vers des nouveaux axes qui seront colinéaires avec les axes principaux de l'ellipsoïde de dispersion unitaire. Notons que l'ellipsoïde de dispersion unitaire correspond à $\beta_{HL} = 1$ dans l'équation (1.2) sans considérer le symbole lié à la minimisation. Une translation est ensuite effectuée pour ramener le centre de l'ellipsoïde au niveau de l'origine du repère ce qui permettra d'obtenir des variables centrées. Enfin, une normalisation des différentes variables aléatoires est effectuée en divisant chacune de ces variables par son écart-type. L'ellipse de dispersion unitaire initiale devient dans ce nouveau repère un cercle de rayon égal à l'unité centré à l'origine. Dans ce nouveau repère, la distance minimale entre l'origine et la surface d'état limite représente l'indice de fiabilité de Hasofer-Lind. Un algorithme d'optimisation est utilisé pour déterminer cette distance. Cette approche de calcul nécessite d'une part une transformation orthogonale de la matrice de covariance pour passer de l'espace corrélé à l'espace non corrélé, et d'autre part le calcul de dérivées partielles dans le processus de minimisation.

ANNEXE B

B.1 Polynômes d'Hermite multidimensionnels

Le polynôme d'Hermite multidimensionnel de degré p est donné par :

$$\psi^{(p)}(\xi_1, ..., \xi_M) = (-1)^p e^{0,5\zeta^T \zeta} \frac{\partial^p \left(e^{0,5\zeta^T \zeta} \right)}{\partial \xi_1 ... \partial \xi_M}$$

(B.1)

où ζ est le vecteur de l'ensemble $\{\xi_i\}_{i=1}^{M}$. Ce polynôme d'Hermite multidimensionnel de degré p est en fait le produit des polynômes d'Hermite unidimensionnels de degré plus petit ou égal à p donné par :

$$H^{(p)}(\xi) = \sum_{i=0}^{p/2} \frac{(-1)^i p!}{(p-2i)!} \frac{\xi^{p-2i}}{2^i}$$

(B.2)

Le tableau (B.1) montre à titre d'exemple les polynômes d'Hermite multidimensionnels de degré plus petit ou égal à 4 (p=4) et pour 3 variables aléatoires (M=3). Ces polynômes sont utilisés pour construire le *PCE* d'ordre 4 avec 3 variables aléatoires dont le nombre de coefficients a_β est égal à $P = \frac{(3+4)!}{3!4!} = 35$.

Tableau B.1 : Polynômes d'Hermite à 3 dimensions Ψ_j et sa variance $E\left(\Psi_j^2\right)$

j	Coefficient a_j	degré p	Ψ_j	$E\left(\Psi_j^2\right)$
0	a_0	0	1	1
1	a_1	1	ξ_1	1
2	a_2	1	ξ_2	1
3	a_3	1	ξ_3	1
4	a_4	2	$\xi_1^2 - 1$	2
5	a_5	2	$\xi_1 \xi_2$	1
6	a_6	2	$\xi_1 \xi_3$	1
7	a_7	2	$\xi_2^2 - 1$	2
8	a_8	2	$\xi_2 \xi_3$	1
9	a_9	2	$\xi_3^2 - 1$	2
10	a_{10}	3	$\xi_1^3 - 3\xi_1$	6
11	a_{11}	3	$\xi_1^2 \xi_2 - \xi_2$	2
12	a_{12}	3	$\xi_1^2 \xi_3 - \xi_3$	2
13	a_{13}	3	$\xi_1 \xi_2^2 - \xi_1$	2
14	a_{14}	3	$\xi_1 \xi_2 \xi_3$	1
15	a_{15}	3	$\xi_1 \xi_3^2 - \xi_1$	2
16	a_{16}	3	$\xi_2^3 - 3\xi_2$	6
17	a_{17}	3	$\xi_2^2 \xi_3 - \xi_3$	2
18	a_{18}	3	$\xi_2 \xi_3^2 - \xi_2$	2
19	a_{19}	3	$\xi_3^3 - 3\xi_3$	6
20	a_{20}	4	$\xi_1^4 - 6\xi_1^2 + 3$	24
21	a_{21}	4	$\xi_1^3 \xi_2 - 3\xi_1 \xi_2$	6
22	a_{22}	4	$\xi_1^3 \xi_3 - 3\xi_1 \xi_3$	6
23	a_{23}	4	$\xi_1^2 \xi_2^2 - \xi_2^2 - \xi_1^2 + 1$	4
24	a_{24}	4	$\xi_1^2 \xi_2 \xi_3 - \xi_2 \xi_3$	2
25	a_{25}	4	$\xi_1^2 \xi_3^2 - \xi_3^2 - \xi_1^2 + 1$	4
26	a_{26}	4	$\xi_1 \xi_2^3 - 3\xi_1 \xi_2$	6
27	a_{27}	4	$\xi_1 \xi_2^2 \xi_3 - \xi_1 \xi_3$	2
28	a_{28}	4	$\xi_1 \xi_2 \xi_3^2 - \xi_1 \xi_2$	2
29	a_{29}	4	$\xi_1 \xi_3^3 - 3\xi_1 \xi_3$	6
30	a_{30}	4	$\xi_2^4 - 6\xi_2^2 + 3$	24
31	a_{31}	4	$\xi_2^3 \xi_3 - 3\xi_2 \xi_3$	6
32	a_{32}	4	$\xi_2^2 \xi_3^2 - \xi_3^2 - \xi_2^2 + 1$	4
33	a_{33}	4	$\xi_2 \xi_3^3 - 3\xi_2 \xi_3$	6
34	a_{34}	4	$\xi_3^4 - 6\xi_3^2 + 3$	24

B.2 Méthode de transformation d'une variable aléatoire normale standard en une variable aléatoire physique

Cette transformation est donnée dans le tableau (B.2) pour quelques distributions souvent rencontrées dans le domaine de la géotechnique.

Tableau B.2 : Transformation d'une distribution normale standard en une distribution non normale

Type d'une distribution	Transformation
Uniforme (a,b)	$a + (b-a)\left(\dfrac{1}{2} + \dfrac{1}{2}\,\text{erf}\left(\xi/\sqrt{2}\right)\right)$
Normale (μ,σ)	$\mu + \sigma\xi$
Lognormale (μ,σ)	$\exp(\mu + \sigma\xi)$
Bêta(μ,σ,a,b)	$\mu + \sigma * \beta^{-1}\left(\Phi(\xi)\right)$
Gamma (a,b)	$ab\left(\xi\sqrt{\dfrac{1}{9a}} + 1 - \dfrac{1}{9a}\right)^{3}$
Exponentielle (λ)	$-\dfrac{1}{\lambda}\text{Log}\left(\dfrac{1}{2} + \dfrac{1}{2}\,\text{erf}\left(\xi/\sqrt{2}\right)\right)$
Weibull (a)	$\left[-\text{Log}\left(\dfrac{1}{2} + \dfrac{1}{2}\,\text{erf}\left(\xi/\sqrt{2}\right)\right)\right]^{1/a}$
Valeur extrême	$-\text{Log}\left[-\text{Log}\left(\dfrac{1}{2} + \dfrac{1}{2}\,\text{erf}\left(\xi/\sqrt{2}\right)\right)\right]$

Pour obtenir $\{\xi_{i,C}\}_{i=1}^{M}$ qui sont les variables standard corrélées, dans le cas où les M variables physiques $\{X_{i,C}\}_{i=1}^{M}$ sont corrélées avec des coefficients de corrélation ρ, on multiplie $\{\xi_i\}_{i=1}^{M}$ par une matrice H obtenue par la transposition de la décomposition Cholesky de la matrice de corrélation C comme suit :

$$\{\xi_{i,C}\}_{i=1}^{M} = H * \{\xi_i\}_{i=1}^{M} \tag{B.3}$$

où H est donnée par

$$C = \begin{bmatrix} 1 & \rho_{2,1} & \cdots & \rho_{M,1} \\ \rho_{1,2} & 1 & \cdots & \rho_{M,2} \\ \vdots & \vdots & \ddots & \vdots \\ \rho_{1,M} & \rho_{2,M} & \cdots & 1 \end{bmatrix} = [Cho(C)]^{T} * Cho(C) = H * H^{T} \qquad (B.4)$$

B.3 Nombre de points de collocation proposé par différents auteurs

Tableau B.3 : Nombre de points de collocation obtenu par différents auteurs

Nombre de variables		Nombre de points de collocation			
		p=2	p=3	p=4	p=5
M=2	**Nombre de coefficients du PCE**	**6**	**10**	**15**	**21**
	Webster et al. (1996)	7	11	16	22
	Isukapalli (1999)	9	17	25	37
	Berveiller et al. (2006)	6	10	15	21
	Sudret (2008)	6	10	15	22
	Tous les points	9	16	25	36
	Tous les points + origine	9	17	25	37
M=3	**Nombre de coefficients du PCE**	**10**	**20**	**35**	**56**
	Webster et al. (1996)	11	21	36	57
	Isukapalli (1999)	20	40	70	112
	Berveiller et al. (2006)	20	40	70	112
	Sudret (2008)	10	24	41	82
	Tous les points	27	64	125	216
	Tous les points + origine	27	65	125	217
M=4	**Nombre de coefficients du PCE**	**15**	**35**	**70**	**126**
	Webster et al. (1996)	16	36	71	127
	Isukapalli (1999)	30	70	140	252
	Berveiller et al. (2006)	45	105	210	378
	Sudret (2008)	15	66	107	286
	Tous les points	81	256	625	1296
	Tous les points + origine	81	257	625	1297
M=5	**Nombre de coefficients du PCE**	**21**	**56**	**126**	**252**
	Webster et al. (1996)	22	57	127	253
	Isukapalli (1999)	42	112	252	504
	Berveiller et al. (2006)	84	224	504	1008
	Sudret (2008)	21	150	285	942
	Tous les points	243	1025	3125	7777
	Tous les points + origine	243	1026	3125	7778

B.4   Nombre de points de collocation disponibles, celui suggéré par Sudret (2008) et nombre des coefficients du PCE pour différentes valeurs de l'ordre du PCE p et pour différentes valeurs du nombre des variables aléatoires M

Tableau B.4 : Nombre de points de collocation disponibles (chiffres en caractères gras), nombre de points de collocation suggéré par Sudret (2008) (chiffres en caractères italiques), nombre des coefficients du PCE (chiffres en caractères soulignés), pour différentes valeurs de l'ordre du PCE p et pour différentes valeurs du nombre des variables aléatoires M

p \ M	2	3	4	5
2	**9**	**27**	**81**	**243**
	6	10	15	21
	6	*10*	*15*	*21*
3	**16**	**64**	**256**	**1024**
	10	24	66	150
	10	*20*	*35*	*56*
4	**25**	**125**	**625**	**3125**
	15	41	107	285
	15	*35*	*70*	*126*
5	**36**	**216**	**1296**	**7776**
	22	82	286	942
	21	*56*	*126*	*252*

B.5   Indices de Sobol

Les indices de Sobol de chaque variable aléatoire d'entrée ou une combinaison de variables sont calculés à partir des coefficients a_β du *PCE* de manière très simple, malgré un formalisme mathématique qui peut paraître un peu complexe au premier abord. Il s'agit dans un premier temps de réorganiser les termes du *PCE* en termes dépendant uniquement d'une variable ou d'une combinaison de variables. Prenons l'exemple d'un *PCE* d'ordre 4 avec 3 variables aléatoires d'entrées, la réponse Y du système peut s'écrire :

$$Y = a_0 + a_1\xi_1 + a_2\xi_2 + a_3\xi_3 + a_{11}(\xi_1^2 - 1) + a_{12}\xi_1\xi_2 + a_{13}\xi_1\xi_3 + a_{22}(\xi_2^2 - 1) + a_{23}\xi_2\xi_3 + a_{33}(\xi_3^2 - 1)$$
$$\ldots + a_{111}(\xi_1^3 - 3\xi_1) + a_{112}(\xi_1^2\xi_2 - \xi_2) + a_{113}(\xi_1^2\xi_3 - \xi_3) + a_{122}(\xi_1\xi_2^2 - \xi_1) + a_{123}\xi_1\xi_2\xi_3 + a_{133}(\xi_1\xi_3^2 - \xi_1)$$
$$\ldots + a_{222}(\xi_2^3 - 3\xi_2) + a_{223}(\xi_2^2\xi_3 - \xi_3) + a_{233}(\xi_2\xi_3^2 - \xi_2) + a_{333}(\xi_3^3 - 3\xi_3)$$
$$\ldots + a_{1111}(\xi_1^4 - 6\xi_1^2 + 3) + a_{1112}(\xi_1^3\xi_2 - 3\xi_1\xi_2) + a_{1113}(\xi_1^3\xi_3 - 3\xi_1\xi_3) + a_{1122}(\xi_1^2\xi_2^2 - \xi_2^2 - \xi_1^2 + 1)$$
$$\ldots + a_{1123}(\xi_1^2\xi_2\xi_3 - \xi_2\xi_3) + a_{1133}(\xi_1^2\xi_3^2 - \xi_3^2 - \xi_1^2 + 1) + a_{1222}(\xi_1\xi_2^3 - 3\xi_1\xi_2) + a_{1223}(\xi_1\xi_2^2\xi_3 - \xi_1\xi_3)$$
$$\ldots + a_{1233}(\xi_1\xi_2\xi_3^2 - \xi_1\xi_2) + a_{1333}(\xi_1\xi_3^3 - 3\xi_1\xi_3) + a_{2222}(\xi_2^4 - 6\xi_2^2 + 3) + a_{2223}(\xi_2^3\xi_3 - 3\xi_2\xi_3)$$
$$\ldots + a_{2233}(\xi_2^2\xi_3^2 - \xi_3^2 - \xi_2^2 + 1) + a_{2333}(\xi_2\xi_3^3 - 3\xi_2\xi_3) + a_{3333}(\xi_3^4 - 6\xi_3^2 + 3)$$

$$(\text{B.5})$$

L'arrangement de ce *PCE* en termes dépendant uniquement d'une variable ou d'une combinaison de variables donne :

$$Y = [a_0] + \left[a_1\xi_1 + a_{11}(\xi_1^2 - 1) + a_{111}(\xi_1^3 - 3\xi_1) + a_{1111}(\xi_1^4 - 6\xi_1^2 + 3)\right]$$
$$\ldots + \left[a_2\xi_2 + a_{22}(\xi_2^2 - 1) + a_{222}(\xi_2^3 - 3\xi_2) + a_{2222}(\xi_2^4 - 6\xi_2^2 + 3)\right]$$
$$\ldots + \left[a_3\xi_3 + a_{33}(\xi_3^2 - 1) + a_{333}(\xi_3^3 - 3\xi_3) + a_{3333}(\xi_3^4 - 6\xi_3^2 + 3)\right]$$
$$\ldots + \begin{bmatrix} a_{12}\xi_1\xi_2 + a_{112}(\xi_1^2\xi_2 - \xi_2) + a_{122}(\xi_1\xi_2^2 - \xi_1) + a_{1112}(\xi_1^3\xi_2 - 3\xi_1\xi_2) \\ + a_{1122}(\xi_1^2\xi_2^2 - \xi_2^2 - \xi_1^2 + 1) + a_{1222}(\xi_1\xi_2^3 - 3\xi_1\xi_2) \end{bmatrix}$$
$$\ldots + \begin{bmatrix} a_{13}\xi_1\xi_3 + a_{113}(\xi_1^2\xi_3 - \xi_3) + a_{133}(\xi_1\xi_3^2 - \xi_1) + a_{1113}(\xi_1^3\xi_3 - 3\xi_1\xi_3) \\ + a_{1133}(\xi_1^2\xi_3^2 - \xi_3^2 - \xi_1^2 + 1) + a_{1333}(\xi_1\xi_3^3 - 3\xi_1\xi_3) \end{bmatrix}$$
$$\ldots + \begin{bmatrix} a_{23}\xi_2\xi_3 + a_{223}(\xi_2^2\xi_3 - \xi_3) + a_{233}(\xi_2\xi_3^2 - \xi_2) + a_{2223}(\xi_2^3\xi_3 - 3\xi_2\xi_3) \\ + a_{2233}(\xi_2^2\xi_3^2 - \xi_3^2 - \xi_2^2 + 1) + a_{2333}(\xi_2\xi_3^3 - 3\xi_2\xi_3) \end{bmatrix}$$
$$\ldots + \begin{bmatrix} a_{123}\xi_1\xi_2\xi_3 + a_{1123}(\xi_1^2\xi_2\xi_3 - \xi_2\xi_3) + a_{1223}(\xi_1\xi_2^2\xi_3 - \xi_1\xi_3) \\ + a_{1233}(\xi_1\xi_2\xi_3^2 - \xi_1\xi_2) \end{bmatrix}$$

$$(\text{B.6})$$

On voit que cette décomposition est composée de 8 termes correspondant respectivement à :

(1)

$(\xi_1),\ (\xi_2),\ (\xi_3)$	termes d'ordre 1
$(\xi_1,\xi_2),\ (\xi_1,\xi_3),\ (\xi_2,\xi_3)$	termes d'ordre 2
(ξ_1,ξ_2,ξ_3)	terme d'ordre 3

Les termes d'ordre 1 décrit la contribution dans variance totale due à chaque variable aléatoire seule ; Les termes d'ordre 2 décrit la contribution due à la combinaison de deux variables ; etc. Chacun de ces termes correspond à un indice de Sobol qui se calcule à partir de la formule suivante :

$$SU_\alpha = \frac{\sum a_\alpha^2 E(\psi_\alpha^2)}{D_{PC}} \qquad (B.7)$$

$$\text{où } D_{PC} = \sum a^2 . E(\psi^2) \qquad (B.8)$$

D_{PC} est la variance de la réponse Y exprimée à partir des coefficients du *PCE*. A partir des deux formules ci-dessus, on comprend aisément que la somme de tous les indices de Sobol vaut 1. La seule difficulté restante est de calculer les termes $E(\psi^2)$ qui sont les variances de chaque polynôme d'Hermite multidimensionnel. Les valeurs de ces variances sont présentées dans le tableau (B.1).

ANNEXE C

Calcul fiabiliste d'une fondation superficielle filante soumise à un chargement excentré

Dans le cas du chargement excentré, les modes de rupture sont le poinçonnement du sol et le basculement de la fondation. Pour ces deux modes de rupture, on adopte généralement deux facteurs de sécurité $F_p = V_u/V$ et $F_b = M_u/M$ où V_u et M_u sont respectivement la charge ultime verticale et le moment ultime. Ainsi, deux analyses probabilistes séparées sont exigées pour calculer la fiabilité de la fondation. Afin de contourner ce problème, le facteur de sécurité F_s utilisé dans le cas du chargement incliné sera employé ici pour prendre en compte les deux modes de rupture en utilisant une seule simulation. Aussi, la même fonction de performance (i.e. $G = F_s - 1$) sera utilisée.

La figure (C.1) montre le diagramme d'interaction du cas de chargement excentré (V, M) pour les valeurs moyennes des caractéristiques de cisaillement du sol ($c=20$kPa, $\varphi=30°$). Chaque point du diagramme est obtenu en calculant la charge ultime vertical V_u pour différentes valeurs de l'excentricité 'e' de la fondation. Le moment ultime correspondant est donné par $M=e*V_u$.

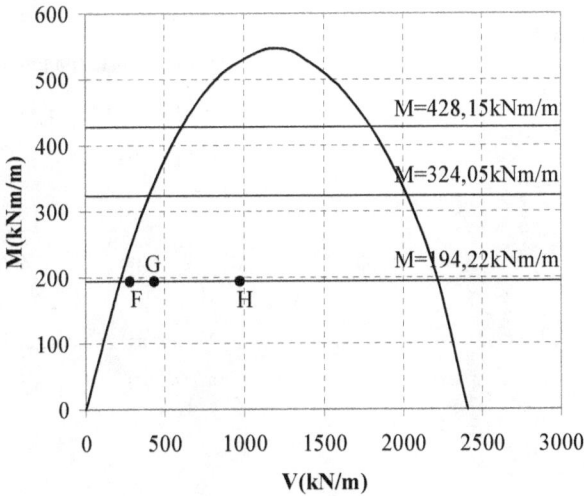

Figure C.1 : Diagramme d'interaction pour le cas d'un chargement excentré (V, M)

De la même manière que dans le cas du chargement incliné, trois valeurs du moment M (figure C.1) sont considérées pour tracer la variation de F_s en fonction de V dans la figure (C.2). On observe que pour ces trois courbes, le facteur de sécurité présente un maximum qui correspond au rapport M/V=0,45 comme le montre la figure (C.3) (i.e. excentricité de la charge e=0,45m). La même interprétation présentée dans le cas du chargement incliné peut être employée ici où le basculement de la fondation est prédominant pour les petites valeurs de V et le poinçonnement du sol est prédominant pour les grandes valeurs de V. Cependant, pour la valeur de V correspondant au facteur de sécurité maximal, aucun mode de rupture n'est prédominant. Notons finalement qu'une analyse probabiliste est aussi abordée pour voir la variation de la probabilité de ruine en fonction de la charge verticale appliquée et ce, pour une valeur prescrite du moment appliqué à la fondation. Le résultat correspondant est montré dans la figure (C.4). Son interprétation est similaire à celle du cas du chargement incliné et ne sera pas répété ici.

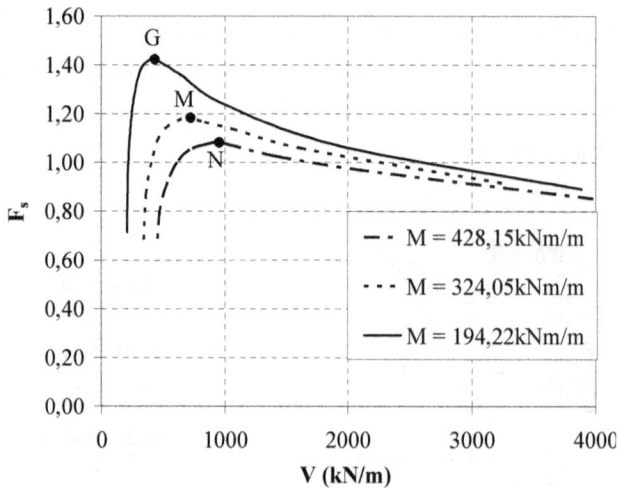

Figure C.2 : Facteur de sécurité F_s en fonction de V pour trois valeurs de M dans le cas d'un chargement excentré (V, M)

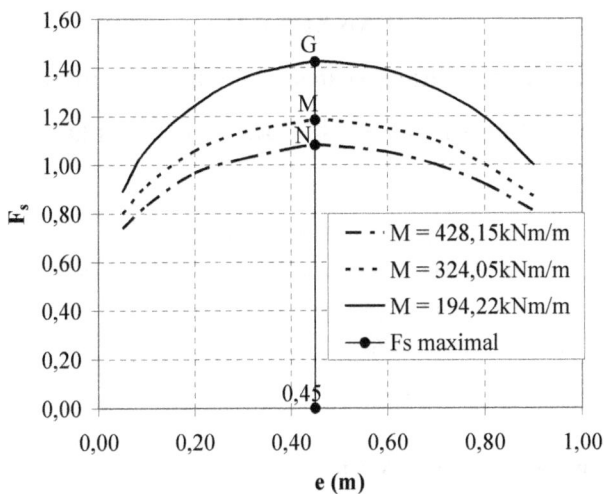

Figure C.3 : Effet de l'excentricité de charge sur le facteur de sécurité F_s pour trois valeurs de M dans le cas du chargement excentré (V, M)

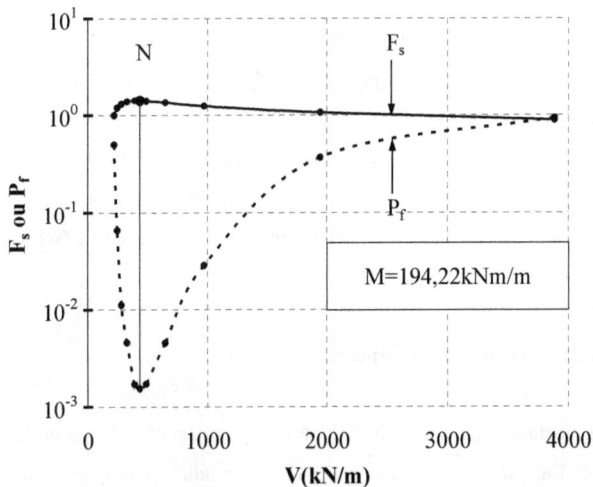

Figure C.4 : Variation du facteur de sécurité déterministe et de la probabilité de ruine en fonction de la charge verticale V pour le cas d'un chargement excentré

ANNEXE D

Méthodes d'analyse des problèmes de stabilité en géotechnique par les théories du calcul à la rupture

Les méthodes d'analyse des problèmes de stabilité en mécanique des sols par les théories de calcul à la rupture peuvent être classées en trois groupes :
- La méthode du prisme de rupture ;
- La méthode de l'équilibre limite ;
- La méthode de l'analyse limite.

D.1 La méthode du prisme de rupture
D.1.1 Principe de la méthode

C'est Coulomb qui, en 1773, a développé cette méthode pour la première fois. Celle-ci est basée sur l'intuition et l'expérience. En effet, pour de nombreux problèmes de stabilité, on constate au cours d'essais l'apparition d'une ligne de glissement particulière. Le principe consiste alors à choisir *a priori* une surface de rupture qui soit assez proche de ce qui est observée expérimentalement, très souvent de forme simple, tel qu'un plan ou un cercle, le long de laquelle on suppose le sol en état d'équilibre limite. En général, il est également nécessaire de choisir le long de cette surface la répartition des contraintes normales afin d'établir l'équilibre statique global de la masse de sol en rupture.

D.1.2 Choix de la surface de rupture

Les surfaces qui ont fait l'objet des premières études sont la droite de Coulomb et l'arc de cercle, mais celles-ci ont conduit la plupart du temps à des résultats approchés. Par contre, en recherchant des surfaces de rupture plus proches des observations, on a abouti à des arcs en spirale logarithmique, voire même à la combinaison de ces surfaces avec des surfaces planes.

D.1.3 Choix de la répartition des contraintes normales

Les contraintes tangentielles sont directement données par la vérification du critère de Mohr-Coulomb le long de la surface de rupture choisie. Il ne reste donc qu'à déterminer la répartition des contraintes normales le long de la surface de rupture. Il existe deux façons d'effectuer ce choix.

- La méthode globale : Elle consiste à choisir pour l'ensemble de la surface de rupture une fonction de répartition des contraintes normales. Taylor a ainsi proposé en 1937 une répartition sinusoïdale des contraintes ;
- La méthode des tranches : Dans ce cas, l'hypothèse de répartition des contraintes le long de la surface de rupture est remplacée par des hypothèses concernant la direction, l'intensité et le point d'application des forces inter-tranches. Fellenius a été le premier à proposer ce type de méthode, mais son principe de calcul peut mener à d'importantes erreurs, notamment sur le coefficient de sécurité. Depuis, d'autres méthodes des tranches, toutes basées sur des hypothèses différentes ont été élaborées (Dishop 1955, Janbu 1954, Morgenstern & Price 1965, Malsimovic 1979 et Fan, Fredlund et Wilson 1986).

D.1.4 Critique de la méthode du prisme de rupture

Cette méthode a l'avantage d'être souple et très simple à mettre en œuvre. Par contre, l'inconvénient majeur est que les hypothèses de calcul sont définies *a priori*, tant pour la surface de rupture que pour la répartition des contraintes normales le long de la même surface. Dans ce type de méthodes, on ne vérifie en général, que partiellement l'équilibre global du mécanisme choisi. De plus, les méthodes de prisme de rupture ne permettent pas de situer la valeur de la charge de rupture par rapport à sa valeur théorique exacte.

D.2 La méthode du prisme de rupture
D.2.1 Principe de la méthode

Cette méthode, contrairement à la précédente, est une méthode d'équilibre local. Elle s'appuie sur le fait que l'écoulement plastique d'un massif de sol a lieu lorsque ce massif est en état d'équilibre limite. Cela signifie qu'en tout point de la zone plastifiée, les conditions d'équilibre local et le critère de rupture sont vérifiés au moment de l'écoulement plastique imminent. Les équations d'équilibre local se traduisent mathématiquement comme suit :

$$\frac{\partial \sigma_x}{\partial x} + \frac{\partial \tau_{xy}}{\partial y} = X(x, y) \qquad (D.1)$$

$$\frac{\partial \sigma_y}{\partial y} + \frac{\partial \tau_{xy}}{\partial x} = Y(x, y) \qquad (D.2)$$

Les fonctions X et Y sont les composantes des forces massiques par unité d'aire :

$$X(x, y) = \gamma \text{ et } Y(x, y) = 0 \qquad (D.3)$$

En mécanique des sols, le critère de rupture communément retenu est celui de Mohr-Coulomb :

$$(\sigma_x - \sigma_y) + 4\tau_{xy}^2 = \sin^2 \varphi (\sigma_x + \sigma_y + 2H)^2 \qquad (D.4)$$

$$\text{où } H = c * cot\,an(\varphi) \qquad (D.5)$$

La combinaison du système d'équations différentielles de l'équilibre et du critère de Mohr-Coulomb, ainsi que la prise en compte des conditions aux limites des contraintes, permet d'obtenir le champ de contraintes dans le sol au moment de l'écoulement plastique imminent et d'en déduire la charge de rupture. Le champ de contraintes ainsi obtenu est composé de deux familles de courbes appelées lignes de glissement, le long desquelles la contrainte de cisaillement est limite.

D.2.2 Intégration des équations

Prandtl a été le premier à déterminer une solution analytique des équations différentielles d'équilibre plastique pour une fondation reposant sur un sol non pesant. En effet, il est impossible d'obtenir des solutions analytiques pour ces problèmes si l'on considère un milieu pesant. Des méthodes numériques ont été développées pour ces cas : Celle de Sokolovski (1960) est par exemple basée sur une approximation par différences finies des lignes de glissement.

D.2.3 Critique de la méthode

L'emploi d'une méthode d'équilibre limite ne donne qu'un champ de contraintes partiel puisque seule une partie du sol au voisinage de la fondation est supposée en état d'équilibre limite. Pour obtenir une solution plus rigoureuse, il faut alors pouvoir montrer qu'il existe, dans la zone non plastifiée une distribution de contrainte qui soit d'une part en équilibre avec le champ de contraintes partiel, et qui d'autre part, ne viole en aucun point le critère de rupture. Le champ de contraintes ainsi obtenu est appelé « champ de contrainte étendu ». Dans le cadre de la théorie de l'analyse limite, on montre alors que cette méthode mène à l'obtention d'une borne inférieure de la charge de rupture.

D.3   Méthode de l'analyse limite
D.3.1   Méthode de la borne inférieure en analyse limite
D.3.1.1 Principe de la méthode

Si on peut trouver une charge de rupture déterminée à partir d'un champ de contraintes statiquement admissible, c'est à dire qui satisfait aux trois conditions suivantes :
-   Les équations d'équilibre sont vérifiées en tout point ;
-   Les conditions aux limites des contraintes sont vérifiées ;
-   La distribution de contraintes ne viole en aucun point le critère de rupture ;

La charge de rupture est nécessairement inférieure à la charge de rupture réelle pour un matériau associé. C'est ce qu'ont démontré Drucker et Prager en 1950. Ce théorème de la borne inférieure ne prend pas en compte la cinématique du problème, mais s'appuie uniquement sur les équations d'équilibre et le critère de plasticité.

D.3.1.2 Critique de la méthode

Cette méthode aboutit à un résultat sécuritaire. Mais globalement, cette méthode présente l'inconvénient d'être lourde et complexe. Elle a fait l'objet de plusieurs études en géotechnique par Hjiaj et al. (2004, 2005).

D.3.2 Méthode de la borne supérieure en analyse limite
D.3.2.1 Principe – théorème

Si l'on peut trouver un champ de vitesses cinématiquement admissible, c'est à dire qui satisfait aux deux conditions suivantes :
- Les conditions aux limites des vitesses sont satisfaites ;
- Les conditions de compatibilité entre vitesses et déformations sont satisfaites ;

La charge de rupture obtenue ne peut être inférieure à la charge réelle de rupture pour un matériau standard. C'est également Drucker et Prager (1950) qui ont démontré ce principe. Pour appliquer ce théorème, il n'est pas nécessaire que les conditions d'équilibre soient satisfaites, puisque l'on considère uniquement le champ de vitesses et la dissipation d'énergie.

D.3.2.2 Validité de l'hypothèse d'un matériau associé au cas des sols

La méthode cinématique est basée sur l'hypothèse d'un matériau associé. Un matériau est dit associé, lorsque le critère d'écoulement et le potentiel plastique s'expriment par la même fonction. Pour un matériau associé, le vecteur incrément de déformation plastique est supposé perpendiculaire à la surface de charge : c'est le principe de normalité. On en déduit que le changement de vitesse tangentielle δu le long d'une surface de rupture est accompagné d'une vitesse de séparation $\delta v = \delta u * tan(\varphi)$. La résultante des vitesses fait alors un angle φ avec la ligne de glissement. Dans la méthode de la borne supérieure, seules les surfaces de discontinuité définies par une droite ou une spirale logarithmique sont acceptables, lorsque l'on considère le mouvement d'un corps rigide pour un matériau frottant. Si l'on applique la règle de normalité au cas d'un sol purement cohérent, on aboutit à la

144

conclusion que la déformation plastique s'effectue sans aucune variation de volume. Par contre, dans le cas d'un sol pulvérulent d'angle φ, l'écoulement plastique conduit à une dilation du sol avec $\psi=\varphi$; la vitesse de séparation normale étant non nulle. Mais en réalité, on a $\psi<\varphi$. Donc, les sols purement cohérents sont des matériaux associés, et les sols pulvérulents sont des matériaux non associés avec $\psi<\varphi$.

La méthode de la borne supérieure en analyse limite s'applique uniquement aux matériaux associés, alors que les sols sont des matériaux non associés. Il s'agit donc de situer les valeurs de cette méthode par rapport aux valeurs réelles. Le théorème de Radenkovic permet d'encadrer les charges limites pour un matériau non associé, entre celles de deux matériaux associés. Une approche statique pour un matériau associé fournit une borne inférieure de la charge de rupture pour un matériau non associé. Par contre, une approche cinématique pour un matériau associé donne une borne supérieure de la charge de rupture pour un matériau non associé. En fait, une borne supérieure de la solution cherchée pour un matériau associé est aussi une borne supérieure pour un matériau non associé.

D.3.2.3 Méthode de recherche des bornes supérieures

On résume comme suit les étapes nécessaires pour établir une solution de type borne supérieure :
- Choisir un mécanisme de rupture cinématiquement admissible satisfaisant les conditions aux limites en vitesses ;
- Calculer la puissance des forces extérieures dues aux petits déplacements définis par le mécanisme ;
- Calculer la puissance dissipée dans les zones plastiquement déformées ;
- Egaler les deux expressions et déterminer l'extremum de la fonction obtenue de la charge de rupture.

Notons qu'en utilisant le théorème de la borne supérieure, on peut considérer des champs de vitesses discontinus (*i.e.* des mécanismes de ruine). Il suffit alors de calculer les dissipations d'énergie le long des lignes de discontinuité de vitesses. Le calcul de la dissipation d'énergie interne d'une couche mince d'un matériau de

Coulomb subissant un cisaillement est donnée par $\dot{D} = c * \delta u$; où c est la cohésion et δu est la composante tangentielle de la vitesse.

D.3.2.4 Conclusions sur la méthode de la borne supérieure

La méthode de la borne supérieure en analyse limite est dans la pratique la méthode la plus adaptée à la recherche de charges de rupture en mécanique des sols. En plus, elle permet de situer la valeur calculée par rapport à la valeur théorique 'exacte', et les problèmes sont facilement résolubles numériquement.

D.4   Conclusion

La méthode du prisme de rupture est une méthode assez simple à mettre en œuvre. Elle est basée sur des hypothèses très simplificatrices et ne permet pas de situer la valeur calculée par rapport à la valeur théorique exacte. Bien que la méthode de l'équilibre limite soit un peu plus rigoureuse, elle est relativement lourde à mettre en œuvre numériquement. La même critique peut être apportée à la méthode de la borne inférieure en analyse limite. Par contre, la mise en œuvre aisée de la méthode de la borne supérieure en analyse limite par des mécanismes de blocs rigides, et le fait que l'on puisse situer la valeur obtenue par rapport à la valeur théorique exacte, rend cette méthode très intéressante.

ANNEXE E

Mécanisme M1 pour le cas d'un sol

Pour un bloc triangulaire i, les longueurs l_i et d_i, et la surface S_i sont données comme suit :

$$l_i = \frac{B_0}{2\cos(\theta)} \prod_{j=1}^{i-1} \frac{\sin\beta_j}{\sin(\alpha_j + \beta_j)} \tag{E.1}$$

$$d_i = \frac{B_0}{2\cos(\theta)} \frac{\sin\alpha_i}{\sin(\alpha_i + \beta_i)} \prod_{j=1}^{i-1} \frac{\sin\beta_j}{\sin(\alpha_j + \beta_j)} \tag{E.2}$$

$$S_i = \frac{B_0^2}{2} \frac{\sin\alpha_i \sin\beta_j}{4\cos^2\theta \sin(\alpha_i + \beta_i)} \prod_{j=1}^{i-1} \frac{\sin^2\beta_j}{\sin^2(\alpha_j + \beta_j)} \tag{E.3}$$

Les expressions de N_γ et N_c de l'équation (3.1) sont données comme suit :

$$N_\gamma = -\left(\frac{\tan\theta}{2} + \frac{\cos(\theta - \varphi)}{2\cos^2\theta \sin(\beta_1 - 2\varphi)} \sum_{i=1}^{n} \left[\frac{\frac{\sin\alpha_i \sin\beta_i}{\sin(\alpha_i + \beta_i)} \sin\left(\beta_i - \theta - \sum_{j=1}^{i-1}\alpha_j - \varphi\right)}{\prod_{j=1}^{i-1} \frac{\sin^2\beta_j \sin(\alpha_j + \beta_j - 2\varphi)}{\sin^2(\alpha_j + \beta_j)\sin(\beta_{j+1} - 2\varphi)}} \right] \right) \tag{E.4}$$

$$N_c = \frac{\cos\varphi \cos(\beta_1 - \theta - \varphi)}{\cos\theta \sin(\beta_1 - 2\varphi)}$$

$$+ \frac{\cos\varphi \cos(\theta - \varphi)}{\cos\theta \sin(\beta_1 - 2\varphi)} \sum_{i=1}^{n} \left[\frac{\sin\alpha_i}{\sin(\alpha_i + \beta_i)} \prod_{j=1}^{i-1} \frac{\sin\beta_j \sin(\alpha_j + \beta_j - 2\varphi)}{\sin(\alpha_j + \beta_j)\sin(\beta_{j+1} - 2\varphi)} \right]$$

$$+ \frac{\cos\varphi \cos(\theta - \varphi)}{\cos\theta \sin(\beta_1 - 2\varphi)} \sum_{i=2}^{n} \left[\frac{\sin(\beta_{i-1} - \beta_i + \alpha_{i-1})}{\sin(\beta_i - 2\varphi)} \prod_{j=1}^{i-1} \frac{\sin\beta_j}{\sin(\alpha_j + \beta_j)} \prod_{j=1}^{i-2} \frac{\sin(\alpha_j + \beta_j - 2\varphi)}{\sin(\beta_{j+1} - 2\varphi)} \right] \tag{E.5}$$

ANNEXE F

Mécanisme M2 pour le cas d'un sol

Pour un bloc triangulaire i, les longueurs l_i et d_i, et la surface S_i sont données comme suit :

$$l_i = B_0 \frac{\sin \beta_1}{\sin(\alpha_1 + \beta_1)} \prod_{j=2}^{i} \frac{\sin \beta_j}{\sin(\alpha_j + \beta_j)} \tag{F.1}$$

$$d_i = B_0 \frac{\sin \beta_1}{\sin(\alpha_1 + \beta_1)} \frac{\sin \alpha_i}{\sin \beta_i} \prod_{j=2}^{i} \frac{\sin \beta_j}{\sin(\alpha_j + \beta_j)} \tag{F.2}$$

$$S_i = \frac{B_0^2}{2} \frac{\sin^2 \beta_1}{\sin^2(\alpha_1 + \beta_1)} \frac{\sin \alpha_i \sin(\alpha_i + \beta_i)}{\sin \beta_i} \prod_{j=2}^{i} \frac{\sin^2 \beta_j}{\sin^2(\alpha_j + \beta_j)} \tag{F.3}$$

Les expressions de N_y et N_c de l'équation (3.1) sont données comme suit :

$$N_\gamma = \frac{-1}{\sin(\beta_1 - \varphi) + \tan\alpha . \cos(\beta_1 - \varphi)} (g_1 + \tan\alpha . g_2) \tag{F.4}$$

$$N_c = \frac{1}{\sin(\beta_1 - \varphi) + \tan\alpha \cos(\beta_1 - \varphi)} (g_3 + g_4) \tag{F.5}$$

où

$$g_1 = \frac{\sin^2 \beta_1}{\sin^2(\alpha_1 + \beta_1)} \sum_{i=1}^{n} \left[\frac{\frac{\sin \alpha_i \sin(\alpha_i + \beta_i)}{\sin \beta_i} \sin\left(\beta_i - \varphi - \sum_{j=1}^{i-1} \alpha_j\right)}{\prod_{j=2}^{i} \frac{\sin^2 \beta_j}{\sin^2(\alpha_j + \beta_j)} \prod_{j=1}^{i-1} \frac{\sin(\alpha_j + \beta_j - 2\varphi)}{\sin(\beta_{j+1} - 2\varphi)}} \right] \tag{F.6}$$

$$g_2 = \frac{\sin^2 \beta_1}{\sin^2(\alpha_1 + \beta_1)} \sum_{i=1}^{n} \left[\frac{\frac{\sin \alpha_i \sin(\alpha_i + \beta_i)}{\sin \beta_i} \cos\left(\beta_i - \varphi - \sum_{j=1}^{i-1} \alpha_j\right)}{\prod_{j=2}^{i} \frac{\sin^2 \beta_j}{\sin^2(\alpha_j + \beta_j)} \prod_{j=1}^{i-1} \frac{\sin(\alpha_j + \beta_j - 2\varphi)}{\sin(\beta_{j+1} - 2\varphi)}} \right] \tag{F.7}$$

$$g_3 = \frac{\sin \beta_1 \cos \varphi}{\sin(\alpha_1 + \beta_1)} \sum_{i=1}^{n} \left[\frac{\sin \alpha_i}{\sin \beta_i} \prod_{j=2}^{i} \frac{\sin \beta_j}{\sin(\alpha_j + \beta_j)} \prod_{j=1}^{i-1} \frac{\sin(\alpha_j + \beta_j - 2\varphi)}{\sin(\beta_{j+1} - 2\varphi)} \right] \tag{F.8}$$

$$g_4 = \frac{\sin \beta_1 \cos \varphi}{\sin(\alpha_1 + \beta_1)} \sum_{i=1}^{n-1} \left[\frac{\sin(\beta_i - \beta_{i+1} + \alpha_i)}{\sin(\beta_{i+1} - 2\varphi)} \prod_{j=2}^{i} \frac{\sin \beta_j}{\sin(\alpha_j + \beta_j)} \prod_{j=1}^{i-1} \frac{\sin(\alpha_j + \beta_j - 2\varphi)}{\sin(\beta_{j+1} - 2\varphi)} \right] \tag{F.9}$$

Mécanisme M1 pour le cas d'un massif rocheux

Pour un bloc triangulaire i, les longueurs l_i et d_i, et la surface S_i sont données comme suit :

$$l_i = \frac{B_0}{2\cos(\theta)} \prod_{j=1}^{i-1} \frac{\sin\beta_j}{\sin(\alpha_j + \beta_j)} \tag{G.1}$$

$$d_i = \frac{B_0}{2\cos(\theta)} \frac{\sin\alpha_i}{\sin(\alpha_i + \beta_i)} \prod_{j=1}^{i-1} \frac{\sin\beta_j}{\sin(\alpha_j + \beta_j)} \tag{G.2}$$

$$S_i = \frac{B_0^2}{2} \frac{\sin\alpha_i \sin\beta_j}{4\cos^2\theta \sin(\alpha_i + \beta_i)} \prod_{j=1}^{i-1} \frac{\sin^2\beta_j}{\sin^2(\alpha_j + \beta_j)} \tag{G.3}$$

Les expressions de N_γ et N_{σ_c} de l'équation (3.12) sont données comme suit :

$$N_\gamma = \frac{\tan(\theta)}{2} + \frac{\cos(\theta - \varphi_{0,1})}{2\cos^2(\theta)\sin(\beta_1 - \varphi_1 - \varphi_{0,1})} \sum_{i=1}^{k} \left[\frac{\dfrac{\sin(\alpha_i)\sin(\beta_i)}{\sin(\alpha_i + \beta_i)} \sin\left(\beta_i - \theta - \sum_{j=1}^{i-1}\alpha_j - \varphi_i\right)}{\prod_{j=1}^{i-1} \sin(\beta_{j+1} - \varphi_{j+1} - \varphi_{j,j+1})\sin^2(\alpha_j + \beta_j)} \right] \tag{G.4}$$

$$N_{\sigma_c} = \frac{1}{\cos(\theta)} \left[\frac{s}{m}\frac{v_{0,1}^{(n)}}{v_0} + \left(n^{\frac{n}{1-n}} - n^{\frac{1}{1-n}}\right) m^{\frac{n}{1-n}} \left[\frac{v_0}{v_{0,1}^{(n)}} \left(\frac{v_{0,1} - v_{0,1}^{(n)}}{2v_0}\right)^{1/n} \right]^{\frac{n}{1-n}} \right]$$

$$+ \sum_{i=1}^{k-1} \left[\frac{s}{m}\frac{v_{i,i+1}^{(n)}}{v_0} + \left(n^{\frac{n}{1-n}} - n^{\frac{1}{1-n}}\right) m^{\frac{n}{1-n}} \left[\frac{v_0}{v_{i,i+1}^{(n)}} \left(\frac{v_{i,i+1} - v_{i,i+1}^{(n)}}{2v_0}\right)^{1/n} \right]^{\frac{n}{1-n}} \right] \times \frac{1}{\cos(\theta)} \prod_{j=1}^{i} \frac{\sin(\beta_j)}{\sin(\alpha_j + \beta_j)}$$

$$+ \sum_{i=1}^{k} 2\frac{v_i}{v_0} \sin(\varphi_i)\frac{d_i}{B_0} \left[\frac{s}{m} + \left(n^{\frac{n}{1-n}} - n^{\frac{1}{1-n}}\right) m^{\frac{n}{1-n}} \left(\frac{1 - \sin(\varphi_i)}{2\sin(\varphi_i)}\right)^{\frac{1}{1-n}} \right] \tag{G.5}$$

ANNEXE H

Mécanisme M2 pour le cas d'un massif rocheux

Pour un bloc triangulaire i, les longueurs l_i et d_i, et la surface S_i sont données comme suit :

$$l_i = B_0 \frac{\sin \beta_1}{\sin(\alpha_1 + \beta_1)} \prod_{j=2}^{i} \frac{\sin \beta_j}{\sin(\alpha_j + \beta_j)} \tag{H.1}$$

$$d_i = B_0 \frac{\sin \beta_1}{\sin(\alpha_1 + \beta_1)} \frac{\sin \alpha_i}{\sin \beta_i} \prod_{j=2}^{i} \frac{\sin \beta_j}{\sin(\alpha_j + \beta_j)} \tag{H.2}$$

$$S_i = \frac{B_0^2}{2} \frac{\sin^2 \beta_1}{\sin^2(\alpha_1 + \beta_1)} \frac{\sin \alpha_i \sin(\alpha_i + \beta_i)}{\sin \beta_i} \prod_{j=2}^{i} \frac{\sin^2 \beta_j}{\sin^2(\alpha_j + \beta_j)} \tag{H.3}$$

Les expressions de N_γ et N_{σ_c} de l'équation (3.12) sont données comme suit :

$$N_\gamma = \frac{-1}{\sin(\beta_1 - \varphi_1) + \tan \alpha \cos(\beta_1 - \varphi_1)} (G1 + \tan \alpha . G2) \tag{H.4}$$

$$N_{\sigma_c} = \frac{1}{\sin(\beta_1 - \varphi_1) + \tan \alpha \cos(\beta_1 - \varphi_1)} (G3 + \tan \alpha . G4) \tag{H.5}$$

où

$$G1 = \frac{\sin^2 \beta_1}{\sin^2(\alpha_1 + \beta_1)} \sum_{i=1}^{k} \left[\begin{array}{l} \dfrac{\sin \alpha_i \sin(\alpha_i + \beta_i)}{\sin \beta_i} \sin\left(\beta_i - \varphi_i - \sum_{j=1}^{i-1} \alpha_j \right) \\ \times \prod_{j=2}^{i} \dfrac{\sin^2 \beta_j}{\sin^2(\alpha_j + \beta_j)} \prod_{j=1}^{i-1} \dfrac{\sin(\alpha_j + \beta_j - \varphi_j - \varphi_{j-1,j})}{\sin(\beta_{j+1} - \varphi_{j+1} - \varphi_{j-1,j})} \end{array} \right] \tag{H.6}$$

$$G2 = \frac{\sin^2 \beta_1}{\sin^2(\alpha_1 + \beta_1)} \sum_{i=1}^{k} \left[\begin{array}{l} \dfrac{\sin \alpha_i \sin(\alpha_i + \beta_i)}{\sin \beta_i} \cos\left(\beta_i - \varphi_i - \sum_{j=1}^{i-1} \alpha_j \right) \\ \times \prod_{j=2}^{i} \dfrac{\sin^2 \beta_j}{\sin^2(\alpha_j + \beta_j)} \prod_{j=1}^{i-1} \dfrac{\sin(\alpha_j + \beta_j - \varphi_j - \varphi_{j-1,j})}{\sin(\beta_{j+1} - \varphi_{j+1} - \varphi_{j-1,j})} \end{array} \right] \tag{H.7}$$

$$G3 = \sum_{i=1}^{k} \left[\begin{array}{l} \dfrac{s}{m} \dfrac{v_i^{(n)}}{v_1} \dfrac{\sin\alpha_i}{\sin\beta_i} \dfrac{\sin\beta_1}{\sin(\alpha_1+\beta_1)} \prod_{j=2}^{i} \dfrac{\sin\beta_j}{\sin(\alpha_j+\beta_j)} \\[2em] + \left(n^{\frac{n}{1-n}} - n^{\frac{1}{1-n}} \right) m^{\frac{n}{1-n}} \left[\dfrac{v_1}{v_{i,i+1}^{(n)}} \left(\dfrac{v_{i,i+1}-v_{i,i+1}^{(n)}}{2v_1} \right)^{1/n} \right]^{\frac{n}{1-n}} \dfrac{\sin\alpha_i}{\sin\beta_i} \dfrac{\sin\beta_1}{\sin(\alpha_1+\beta_1)} \prod_{j=2}^{i} \dfrac{\sin\beta_j}{\sin(\alpha_j+\beta_j)} \end{array} \right]$$

$$(H.8)$$

$$G4 = \sum_{i=1}^{k-1} \left[\begin{array}{l} \dfrac{s}{m} \dfrac{v_{i,i+1}^{(n)}}{v_1} \dfrac{\sin\beta_1}{\sin(\alpha_1+\beta_1)} \prod_{j=2}^{i} \dfrac{\sin\beta_j}{\sin(\alpha_j+\beta_j)} \\[2em] + \left(n^{\frac{n}{1-n}} - n^{\frac{1}{1-n}} \right) m^{\frac{n}{1-n}} \left[\dfrac{v_1}{v_{i,i+1}^{(n)}} \left(\dfrac{v_{i,i+1}-v_{i,i+1}^{(n)}}{2v_1} \right)^{1/n} \right]^{\frac{n}{1-n}} \dfrac{\sin\beta_1}{\sin(\alpha_1+\beta_1)} \prod_{j=2}^{i} \dfrac{\sin\beta_j}{\sin(\alpha_j+\beta_j)} \end{array} \right]$$

$$(H.9)$$

ANNEXE I

Résultats d'étude d'une fondation filante posée sur un sol (c, φ) et soumise à un chargement incliné à l'ELU: Modélisation déterministe par des modèles élasto-plastiques

L'ordre 4 du *PCE* est trouvé optimal pour approximer le facteur de sécurité comme le montré dans la figure (I.1).

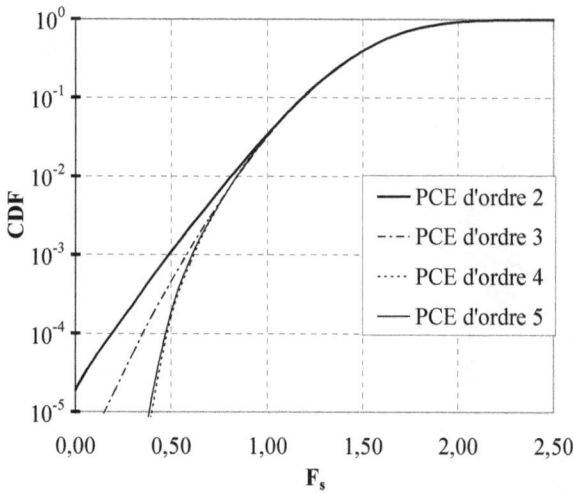

Figure I.1 : CDF du facteur de sécurité F_s

L'indice de Sobol de la composante horizontale H du chargement est significatif (il constitue plus de 2/3 de la variance de la réponse du système), tandis que celui de la composante verticale V de la charge est négligeable. c et φ ont des valeur modérées pour leur indices de Sobol et par conséquent, ces deux paramètres contribuent modérément à la variance de la réponse du système.

Tableau I.1 : Indices de Sobol pour l'ordre 4 du PCE

Indices de Sobols	SU(c)	0,1270
	SU(φ)	0,1701
	SU(V)	0,0005
	SU(H)	0,6837
	Somme $\approx$ 1,0000	

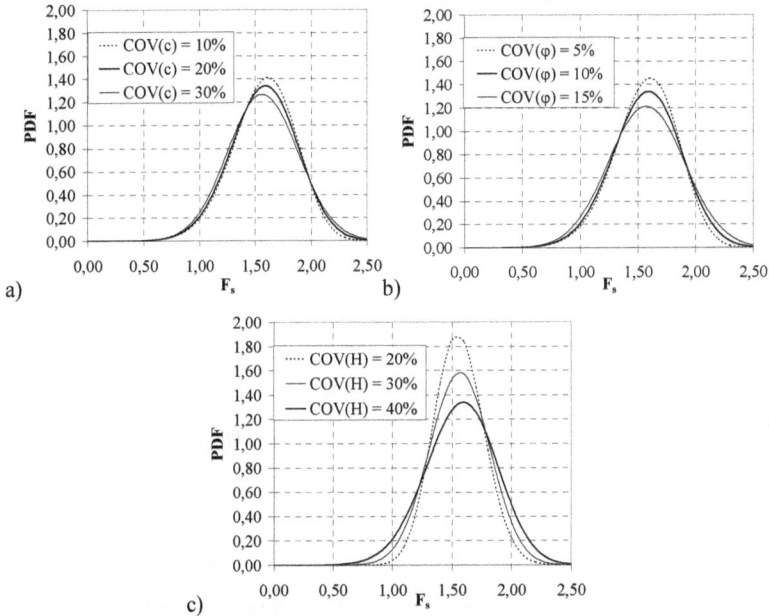

a)

b)

c)

Figure I.2 : Influence des coefficients de variation de c, φ et H sur le PDF de F_s : a) Influence de COV(c) ; b) Influence de COV(φ) ; c) Influence de COV(H)

Tableau I.2 : Influence des coefficients de variation de c, φ et H sur les moments statistique de F_s

	Coefficient de variation %	μ	σ	COV%	δ	κ	Valeur déterministe de F_s
COV(c)	10	1,5734	0,2823	17,9	-0,2590	0,0273	
	20	1,5737	0,2970	18,9	-0,1158	0,0030	
	30	1,5664	0,3136	20,0	0,0042	-0,0377	
COV(φ)	5	1,5667	0,2753	17,6	-0,2919	0,1214	
	10	1,5737	0,2970	18,9	-0,1158	0,0030	1,5566
	15	1,5733	0,3264	20,8	0,0044	-0,0568	
COV(H)	20	1,5584	0,2089	13,4	0,1288	-0,0232	
	30	1,5733	0,3264	20,8	0,0044	-0,0568	
	40	1,5737	0,2970	18,9	-0,1158	0,0030	

Tableau I.3 : Influence des coefficients de variation de chaque variable aléatoire sur leurs indices de Sobol

	Coefficient de variation %	SU(c)	SU(φ)	SU(H)
COV(c)	10	0,0297	0,1954	0,7698
	20	0,1202	0,1771	0,6943
	30	0,2136	0,1575	0,6171
COV(φ)	5	0,1192	0,0511	0,8213
	10	0,1202	0,1771	0,6943
	15	0,0852	0,3367	0,5685
COV(H)	20	0,2277	0,3543	0,4120
	30	0,1202	0,1771	0,6943
	40	0,1455	0,2489	0,5994

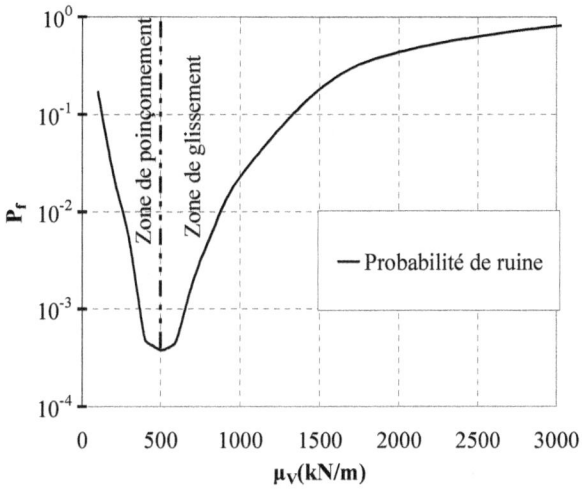

Figure I.3 : Effet de la moyenne de V sur la probabilité de ruine

www.ingramcontent.com/pod-product-compliance
Lightning Source LLC
Chambersburg PA
CBHW021057210326
41598CB00016B/1242

9 783841 621504